FLY ME TO THE MOON

AN INSIDER'S GUIDE TO THE NEW SCIENCE OF SPACE TRAVEL

私を月に連れてって

宇宙旅行の新たな科学

エドワード・ベルブルーノ

北村陽子訳

英治出版

私を月に連れてって

宇宙旅行の新たな科学

FLY ME TO THE MOON
An Insider's Guide to the New Science of Space Travel
by
Edward Belbruno

Published by Princeton University Press
41 William Street, Princeton, New Jersey
Japanese translation published by arrangement with
Princeton University Press
through The English Agency (Japan) Ltd.

風の舞う日、落ち葉は風に乗ってどこへでも飛んでゆく。
ひらひらと舞う、予測もつかないこの動きは「カオス」だ。
この「カオス」を宇宙旅行にどのように利用するか。
あるいは、著者の言葉を借りれば
「重力場でのサーフィン」をどう乗りこなすか。
――これが本書のテーマだ。

著者は、現在宇宙飛行に使われている
もっとも刺激的なコンセプトの一つを開発した。
惑星の重力の相互作用によって、エネルギーを使わず、
宇宙をふわふわと漂っていく方法だ。

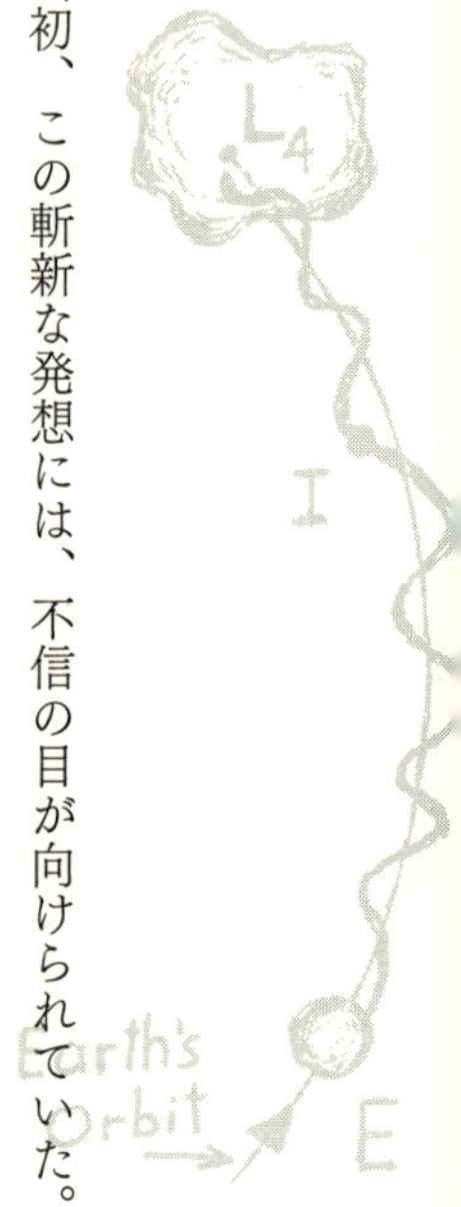

当初、この斬新な発想には、不信の目が向けられていた。

だが一九九一年、日本の科学衛星のミッションが失敗しかけたとき、
この手法が役に立った。

日本の宇宙船「ひてん」を救い出し、見事、月に到達させたのだ。

この成功は、宇宙飛行にカオスが応用された初のケースであり、
宇宙飛行の新たな時代の幕開けを告げるものとなった。

科学読み物であり、著者の回想記でもある本書は、
この宇宙船救出プロジェクトをめぐって、
そして科学界の大物たちとの著者自身の格闘をめぐって展開する。

同時に著者は、アメリカの宇宙探査における
近年の目覚ましい発展を紹介してくれる。
さまざまな軌道変化のプロセスや、
小惑星を捕捉する方法、
月の起源をめぐる最新の研究。
さらに、私たちの太陽系の外にあるもの、
そこで発見された準惑星にまで、話は広がる。

この本は、しっかりとした理論にもとづきつつ、
一般の読者のために、わかりやすく書かれたものだ。
新たな発見や未知なる世界に、
一度でも、心を躍らせたことがある人のために。

（ニール・デグラス・タイソン）

私を月に連れてって——目次

原注には☆印を付してページ下部の余白に記した。
訳注は〔……〕として本文中に記した。
文中の［　］の数字は巻末の参考文献の番号を指す。
通貨は１ドル＝100円で換算。　　　　　（編集部）

FORWORD

まえがき

ニール・デグラス・タイソン

時として、歴史は歩みを早める。

オービル・ライトが初めて動力飛行によって空を飛んでから、わずか六五年七カ月三日五時間四三分後、アポロ一一号の船長ニール・アームストロングは、人類史上初めて月面から言葉を発した。「ヒューストン、こちら静かの海基地。鷲《イーグル》は舞い降りた」

もちろん、一九〇三年のライト兄弟の飛行機《エアロプレーン》は空気《エア》より重かった。当時最新式の彼らの機械は、地球と月の間に横たわる三八万キロメートルの真空地帯ではまったく役に立たなかった。それは、それ以降に発明・設計されてきたどの飛行機でも同じことだ。アポロ一一号の月着陸船には鳥の名がつけられていたが、翼のついた飛行機を改良してアポロが生まれたというわけではない。

空気より比重の大きい乗り物によって飛行するようになる前は、空気より比重の小さい乗り物による飛行の時代だった。熱気球ゴンドラで地球の大気圏を悠然と漂っていくことが、西欧では大流行していたのだ。

しかし、予見者として知られるSF作家ジュール・ベルヌは、そよ風に乗って何の苦もなく移動するだけでは物足りなかった。

かわりに彼は月をめざしたが、そのような真空地帯の旅は、気球やその他、当時の想像上の飛行機械では不可能だということはわかっていた。

一八六五年の小説『月世界旅行』は、三人の男と二匹の犬、ニワトリ数羽が月旅行をする物語だ。空気の浮揚性に頼らない移動手段が要るという設定だった。著者のベルヌは、弾丸の形をした大きなカプセルに宇宙旅行者を乗せ、巨大な大砲で打ち上げることにした。サーカスで大砲から網に向かって打ち出される芸人に似ていなくもなかった。

時速〇キロメートルから地球の重力を逃れられる速度である秒速一一・二キロメートルに達するまでの、爆発的な加速が人体に与える影響を、ベルヌはひどく軽視していた。この速度では、三人の月旅行者と同行の動物たちは一瞬のうちに宇宙船の後部にはりつき、重力加速度（「G」）の圧力によって、ぐしゃっと押しつぶされてしまったことだろう。

惨劇はさておき、ここで発された真のメッセージは、ベルヌとその有名な本の読者にとって、月は、単に手の届かない距離に浮かぶ天体ではなかったということだ。月はめざすべき目的地だった。探検すべき世界だった。月に対する好奇心は、遠い山々や海の彼方に向けられるものと変わりはなかった。

好奇心。人間はつねに好奇心とともに生きてきた。

他の動物たちが夜空を見上げるとき、どのような考えが彼らの頭をよぎるのか、それは誰にもわからない。そもそも、彼らは夜空を見上げることがあるのだろうか。見上げるとすれば、そこに何があるのか、思いめぐらしたりするのだろうか。地上に立って宇宙の呼びかけに耳をすますとき、私たちのように冒険心を抱く動物は、いるのだろうか。私はそうは思わない。だが、もし、彼らにそんな思いがあったとしても、私たちは、夢見るだけでなく、そのために何かをすることができる。

人間のような複雑な生命体を大きな弾丸に詰め込み、巨大な大砲で宇宙へ打ち上げることはもちろんできない（というより、すべきではない）。だが、ロケットに乗せて送り出すことはできる。

技術革新は、アメリカの技術者ロバート・ゴダードの創造的な取り組みによって生まれた。ゴダードは、一九二〇年代の液体燃料推進技術の先駆者だ。自分が設計したロケットの打ち上げが成功したとき、特に、推進力を絞ることによって乗員にかかるGをやわらげたロケットが成功したとき、彼はすぐにその発明の意義を理解した。月旅行に活かせるのだ。だが彼は、月旅行のコストを考えてみて落胆し、こう嘆いた。「一〇〇万ドルかかるかもしれない」

優秀なエンジニアだったゴダードも、経済学者としてはさほど優秀ではなかった。現在のドルでは、この金額は地球周回軌道上のスペースシャトル約一〇時間分の維持コストでしかない。

☆

ニュートンの万有引力の法則によれば、すべての天体の引力はつねに働いている。太陽、月、地球、他の惑星、恒星。さらにすべてが他の天体の周囲を回る軌道上で動いているため、宇宙を移動するときの航路の細部はきわめて複雑になる可能性があり、その可能性はかなり高い。だから、太陽系をうまく航行する方法はまだ模索中だといっても、驚くにはあたらないだろう。

私が評価している方法の一つは、重力アシスト（スイングバイ）航法だ。今日の限られた予算では、他の惑星の重力の助けを借りずに目的地まで到達できるほど、十分な燃料を持てる探査機はほとんどない。たとえば木星探査機「ガリレオ」は、惑星による重力アシストを三回必要とした。まず金星、次に地球、もう一度地球、そしてその後、木星へと向かっていった。ビリヤード愛好家を感服させてやまない動きだ。

私のもう一つのお気に入りは、惑星や衛星の間に存在する、網の目のように互いに結びついた不可解な区域にある。そこでは、すべての引力の合計が、ゼロでないにしても、ごく小さい。こうした条件下では、ゆっくりと宇宙を漂うときの動作には、実質的に何の努力も要らない。こうしたことについては、最近までわずかな理解しか得られておらず、本書の著者エドワード・ベルブルーノの研究以前はほとんど探求されていなかった。だが、彼が新たに発見した「惑星間ハイウェイ」は、ロケット以前、飛行機以前の時代のロマンを思い出させてくれる。まだ見ぬ景色から景色へと、自身のエネルギーをほとんど使うことなく、気球に乗って運ばれた時代のことを。

PREFACE

はじめに

「私を月に連れてって《フライ ミー トゥ ザ ムーン》。星々の間で遊ばせて。木星や火星にどんな春が来るのか見せて」

フランク・シナトラが歌って一躍有名になったジャズの名曲は、こう始まる。有史以来、人は宇宙に目を向け、そこに何があるのだろうと思いをめぐらしてきた。

現代史のどの期間を見ても、宇宙にかかわる重要な出来事がある。一九六九年の人類初の月面着陸、最近なら、火星に向かう探査車《ローバー》。それを見ようとテレビにくぎづけになったかどうかはともかく、宇宙と宇宙旅行に対するあこがれを、ずっと昔から多くの人が抱いてきた。宇宙に隣人はいるのか、月で休暇を過ごせるようになるのか、と。そんな可能性はあるのだろうか。——あるどころか、かなり高い。

二〇〇四年、私の本がプリンストン大学から出版された。タイトルは、『天体力学におけるキャプチャー力学とカオス的動作――省エネルギー航法構築への応用』[6]。この学術専門書の出版後、うれしいことにメディアが関心を示してくれた。本の内容を一般読者向けに解説してほしいという依頼をいくつも受けた。編集者の後押しもあった。そこで、カオス理論の利用が宇宙旅行の方法をどのように変えつつあるかについて書いたのが本書である。

一九八七年にジェイムズ・グリックの『カオス――新しい科学をつくる』[30]が出版され、宇宙飛行のもっとも重要な概念の一つが一般読者に紹介された。カオスは、たとえば宙を舞う落ち葉や、まっすぐ歩こうとする酔っぱらいのような、不安定で変化しやすい動作について、その予測不可能性を扱う方法といえる。

本書で扱われるカオスは、宇宙を移動する物体に対する、「星々の重力による綱引き」の微妙な相互作用によって生まれてくる。こうしたカオスは、低コストで宇宙を航行する方法に利用することができ、宇宙飛行の可能性を広げ、新しい活用方法に道を開く。カオスによって、省エネルギー、低コストの魅力的な航法がいくつも発見できるのだ。このアプローチはまた、宇宙機の動作をコントロールするだけでなく、彗星、小惑星、さらには惑星などの重い天体の動きの理解といった、多くの興味深い問題にも応用できる。

カオスを利用した、月や惑星への新しいルートの設計は、宇宙飛行に関する刺激的な新展開だ。この方法が初めて使われたのは、一九九一年、日本の科学衛星「ひてん」の月ミッションの救出だった（科学衛星とは、宇宙空間の観測を目的とする人工衛星のこと）。「ひてん」が使った月への軌道は、古典的なルートからの実質的な決別といえる。ほとんどまったくといっていいほど、燃料は不要だった。

「ひてん」のために発見された月へのルートは、第一歩にすぎない。その発見に使われた理論と方法は、他の多くの宇宙機の動きに応用されるようになった。

一九九八年、私はもう一つの衛星の救出にかかわる機会に恵まれた。「ひてん」と同じく、このHGS－1も、もともと月へ行くために設計されたものではなかった。HGS－1は商業用の地球周回衛星で、予定外の軌道にはまりこんでしまっていた。「ひてん」と同様の軌道を使って、まずこの衛星を月へ送ることで解決に至ったが、この発想は独自のものだった。

一九九〇年代の初めごろから、欧州宇宙機関（ESA）が、月への省エネルギー航法を開発するため、こうした手法に興味を示し、一部はSMART1の月ミッションにつながった。SMART1は、二〇〇四年一一月、一年半の長旅を経て月に到達した。

こうした省エネルギー軌道は、月へ行く以外の目的にも利用できる。NASAでは、将来的にこれを、木星のさまざまな衛星間の軌道に利用することを計画している。省エネルギー軌道はまた、天文学の分野の興味深いテーマにも応用される。

まずは彗星の動きに関することだ。太陽を周回する彗星の中には、月へのカオス的な省エネルギー軌道とも関連のある、特殊な軌道を持つものがある。それは木星の動きと同期《シンクロ》する楕円軌道だ。この軌道を持つ彗星は、太陽の周りを回りながら木星のすぐ近くを通過する。こうした彗星は、星々の重力による綱引きの影響で、太陽を周回するまったく別の楕円軌道へと、大きく飛ばされることがある。そして時折、この新しい楕円軌道が地球の公転軌道〔太陽を周回する軌道〕を横切り、彗星が地球に衝突する可能性が出てくるのだ。

一七七八年に、こうした彗星の一つが地球のすぐ近くにまでやって来た。このような彗星が現れると、人類の将来に重大な影響が生じうる。もし彗星が地球に衝突すれば、ほとんどの生命が絶滅の危機にひんするからだ。この予測しがたい彗星の動きに関する話題や、カイパーベルト天体（太陽系の中で海王星より遠くにある天体）や、その他の興味深い話題は、第一三章に記している。

また、月の起源に関するおもしろい理論も生み出された。月の誕生について、現在受け入れられている理論は、約四〇億年前、火星サイズの天体が地球に衝突し、飛び散った破片から月が形成されたというものだ。だが、この火星サイズの不可思議な天体は、いったいどこからやって来たのか。これは第一四章のテーマだ。

第一五章は、カオスを利用した省エネルギー軌道について、冥王星や、さらにその先をめざすミッションへの応用を考える。冥王星までに限る必然性がどこにあるだろう。最後は私たちの太陽系の中だけでなく、はるか遠く、四光年先に位置するもっとも近い恒星系、アルファ・ケンタウリの三重連星系にまで、省エネルギー軌道を応用する。アルファ・ケンタウリは遠く、私たちの太陽系とあまり関係ないように思えるかもしれないが、必ずしもそうではない。この章では、太陽系とアルファ・ケンタウリ系の間で、彗星がどのように移動する可能性があるかを明らかにする。

ご存知のように、屋根裏部屋に何十年もこもって理論的な問題の解決にいそしむ孤独な科学者はいるし、すべてのピースが突如うまく組み合わさる「ひらめき」の瞬間も存在する。また、一つの考えを何年も研究し、実用化に向けて同僚を説得しようとする科学者もいる。壮大なアイディアが実現するには、他の科学者との協力が欠かせない。本書は、そのような探求と発見のプロセスを記した物語でもある。

宇宙での移動ルートについて、本書は一般の読者に向けて、数式や専門用語を使わずに説明する。結びの章では、宇宙機の航路をコントロールするためのカオスの利用が、宇宙飛行の考え方における一つのパラダイム・シフトになったことを述べている——常識はずれの考え方をすることによって、何ができるのかということを。

Fly Me to the Moon

An Insider's Guide to the New Science of Space Travel

私を月に連れてって

宇宙旅行の新たな科学

ひらめきの瞬間

A MOMENT OF DISCOVERY

1

「ヒューストン、問題が発生した」

映画『アポロ13』で、トム・ハンクスと乗務員《クルー》はこう言ってNASA（米航空宇宙局）に助けを求め、危機を脱出した。だが、もしそれがNASAの宇宙船でなかったら、誰に助けを求めるのだろうか。――やはりNASAだった！

ドアを開けると、初めて見る人物がいた。彼はジェームズ・ミラーと名乗り、私に言った。「問題が発生している」

それより三カ月ほど前の一九九〇年一月下旬、日本の衛星が月へ向けて打ち上げられていた。主な目的は、日本の高度な宇宙飛行技術を実証することだ。一九七〇年代以降、地球周回という地味なミッションによって、宇宙飛行関連の技術力を徐々に伸ばしてきた日本は、一九九〇年までに、さらに上のレベルのミッションを行うため、鹿児島宇宙空間観測所（現在の内之浦宇宙空間観測所）をはじめとしたインフラの整備を充実させていた。そしてアメリカ、旧ソ連に次ぐ三番手となる月到達をめざすことにしたのだ。日本にとって、これはきわめて重要なミッションであり、国の威信をかけた支援がなされ、広報にも力が入れられていた。

だが、ミッションは危機に陥っていた。ジェームズ・ミラーがやって来たのは、私がこれを救えるかどうかを聞くためだった。考えられるかぎりの解決法は試しつくされており、最後の手段が私だった。

日本は、MUSES－Aという工学実験衛星を地球周回軌道に乗せていた。MUSES－Aは当初、子衛星を搭載した状態で地球の周りを回っていた。子衛星（「はごろも」と名づけられる）はグレープフルーツほどの大きさだったが、三月一九日、MUSES－Aから切り離されて、ホーマン軌道と呼ばれる標準的なルートで月に向かった。ところが、「はごろも」との通信は不能になっており、月の周りを回る軌道に乗ったかどうかも確認できていない。月に近づきながら、月周回軌道に入るためにロケットエンジンを噴射しているところが観測されたのを最後に、通信が途絶えたのだ。

このミッションは広く報道されていたので、私もよく知っていた。「日本の月周回衛星《オービター》、消息を絶つ」という見出しも見た。ただそれ以上のことは、小耳にはさんだ技術者たちのうわさ話程度のことしか知らなかった。

日本は何としても事態を立て直したがっているという。残ったほうの衛星MUSES－Aは、「ひてん」と名づけられていた。仏教の言葉で、天空を舞う天女のことだ。「はごろも」が行方不明になってしまった今、ミッションの失敗を取り返すために、日本は「ひてん」を月に送ることを考えていた。しかし、この事務机ほどの大きさの天女は、月に行くことを想定して作られたものではなかった。もともとは、地球の周回軌道上で、今や失われてしまった「はごろも」からの通信を中継する役割だったのだ。

ジェームズ・ミラーは、NASAのジェット推進研究所（JPL）に所属する航空宇宙工学の技術者だった。日本が「ひてん」を月に送り、月周回軌道に乗せるにはどうすればいいか、その方法を探していると彼は言った。だが、大きな問題があった。「ひてん」には、ごくわずかな燃料しか積まれていない。月に行くために作られたものではないからだ。このため、通常の方法では、月に行くことは不可能だった。

だが、私は、ほとんどエネルギーを使わずに月に行く方法があるのではないかと考えていた。その理論を使って「ひてん」を月に送ることはできないか、とミラーは私にたずねた。通常よりずっと少ない燃料で月に行く方法を私が見つけたらしいと、彼は耳にしていたのだった。研究者の間で異論があることは彼も承知していたが、「何でも試してみようという気になって」いたのだ。

私はその理論をまだ完成してはいなかった。だが、ミラーの質問を聞いたとき、何かがひらめいた。答えが頭に飛び込んできたのだ。私は彼に、コンピュータ・シミュレーションをやってみてくれないかと言った。ただし、「ひてん」が月から最適な距離にあり、私の理論の求める速度で航行しているということを前提にして。

自分の考えたことを実際に宇宙機に応用するのはこれが初めてであり、自分の提案するアプローチが成功するかどうかを知る方法はこれまでなかった。ミラーの問題提起によって、それまで私の研究に欠けていた、この手法の成否の鍵を握るピースが見つかったのだ。科学的発見が一瞬のうちに起こった、貴重な瞬間だった。

ミラーは、なんだか疑わしそうに私の話を聞いた。私は彼に、シミュレーションに必要な、重要な初期データをいくつか与えた。彼は「試してみよう」と言って帰っていった。私には、うまくいくことはわかっていた。

翌日、私のオフィスにやって来た彼は、シミュレーション結果の書類を手に、興奮と衝撃のさめやらない様子だった。

「やりましたよ！」

私も興奮していた。結果は有望だった。もちろん、問題を完全に解決するには、もう少し仕事が要ることになる。私たちは、現実の条件のもとで実際に使うことができる月へのルートを最適化する仕事にとりかかった。これは、日本の月ミッションの失敗を取り返すだけでなく、月へのまったく新しい道筋を開くものになるはずだ。

2

AN UNCERTAIN START

先の見えないスタート

壮大なアイディアも、小さなことから始まる。瞬間的にひらめくものもあれば、研究の積み重ねの中から生まれるものもあり、その両方が組み合わさることもある。「ひてん」の場合がそうだった。「ひてん」のミッションをどのようにして救い出したかを語るには、まず時間をさかのぼる必要がある。

一九八五年一月、私はＮＡＳＡのジェット推進研究所（ＪＰＬ）の仕事に就くため、カリフォルニア州パサデナにやって来た。冷たい雨のボストンを離れるのは悪くなかった。太陽に恵まれたパサデナの気候は、この上ない暖かさで私を迎えてくれた。

私は人生の新しい局面を迎えていた。だが、この後に待っている波乱にみちた展開は、まったく予想していなかった。

私はそれまで、ボストン大学で数学の助教授を務めていた。だが、研究は思うようにいかなかった。何か新しい発想が必要だったが、アカデミズムの世界にいるかぎり、何が学界で受け入れられ、時流に乗っているかを意識せざるをえないため、なかなか厄介だった。それで、大学の職を辞し、JPLに働き場所を求めたのだ。JPLは、有名な天文台のあるウィルソン山の近く、サンガブリエル山脈のふもとの小さな谷あいにある。

JPLは、無人探査機による太陽系探査で中心的な役割を担い、これまで数々の実績をあげてきた。一九六〇年代半ばには有名な「サーベイヤー」の月面着陸〔一九六六〜六八年。アポロ計画に先立って行われた月探査計画〕、七〇年代には「マリナー」による水星と金星の探査、そして木星、土星、天王星、海王星、さらにその先をめざした、伝説の「ボイジャー」の打ち上げがある〔一九七七年。外惑星の探査や新衛星の発見〕。七〇年代末、二台の「バイキング」による歴史的な火星着陸〔一九七六年〕は、多くの人が記憶にとどめているだろう。

最近のニュースでも、火星の地表を動き回る二台の火星探査車《ローバー》、「スピリット」と「オポチュニティー」はJPLの業績だ〔二〇〇四年に火星に着陸し、以来四年以上探査を続けている〕。また

「カッシーニ」が土星に到達し（二〇〇四年に土星周回軌道に入った）、土星の環と多くの衛星の驚くべき映像を届けてくれた。特に衛星タイタンは圧巻だった。それまでタイタンの表面の様子は、厚い雲に覆われて知ることができなかった。これを書いている今も、「カッシーニ」と、そしてタイタンに着陸（二〇〇五年）した突入観測機《プローブ》「ホイヘンス」は、液体メタンの海や河と考えられるものが存在する、不思議な世界の姿を明らかにしてくれている。

私の新しい仕事は軌道分析。木星探査機「ガリレオ」（一九八九年に打ち上げ。シューメーカー・レヴィ第九彗星の木星衝突の観測などにも貢献）を担当することになった。「ガリレオ」は、二〇〇三年九月二一日、木星大気圏へ突入してミッションを完了することになる。

この仕事は、私にまったく新しい世界を開いてくれた。それまで私は、天体力学というきわめて理論的な数学の世界にいた。そこでは天体は、単なる一つの点にすぎなかった。一方、JPLでは、当然ながら天体は実体とみなされる。私は、木星が単なる点ではないという事実に慣れなければならなかった。木星には半径があり、化学的組成があり、その周囲には多くの衛星があり、磁場、放射線帯といったものがあるのだ。探査機もまた理論上の点ではなく、推進システムや誘導システム、通信アンテナ、コンピュータシステムなどを備えた、実際に動く機械だった。私が学んできた学問は、宇宙空間において物体はどのように動作できるかという理論面のもので、その応用は考えていなかった。一方、JPLの目的は、まさに応用にあった。JPLの関心は、宇宙機を特定の惑星に到達させることだった。

乗り越えるべきことはまだあった。それまで私はアカデミズムの環境に慣れ、同僚はほとんど数学者だった。JPLは会社組織に近く、同僚のほとんどは航空宇宙工学の技術者だ。彼らにとっては、宇宙空間での物体の動きに関する理論などより、宇宙機がそのミッションを正しく遂行することのほうがずっと大事だった。

その上、宇宙のミッションは真剣勝負だ。理由はいろいろある。まず、こうしたミッションは注目を集める。議会レベルの議決を経た目標と、国民の期待を背負っている。費用もかかる。一件につき数億から数十億ドル。たとえば、「カッシーニ」のミッションには、約三〇億ドル〔約三〇〇〇億円〕の費用がかかった。そのため、ここでの基本は、ミスを避けること、運任せにしないことだ。宇宙の航行やロケットの打ち上げはリスクを抱えている。そのためJPLは、ミッションの立案に保守的な態度をとり、テスト済みの方法だけを使おうとする。これは技術者がクリエイティブになれないという意味ではないが、創造性は、慎重にテストを重ね、検討されなければならない。

ニューヨーク大学クーラント数理科学研究所（CIMS）のユルゲン・モザー教授のもとで私が学んだ学問では、天体運動の理論的な側面が重視され、私たちはもっぱら、「一般的に証明できる」とか「このような運動がありうる」といった言い方をしていた。

数学者にとって大切なのは、ある運動の存在を示すことで、動きの詳細を突き詰めることではない。主眼は、運動の一般的な型《パターン》にある。一方、ミッションを計画・設計する技術者にとっては、明確な動作こそがすべてであり、仮説的な状況には興味がない。彼らは見て、計って、値を記入しようとする。私は考え方の大きなギャップに直面したわけだ。

私は陸に上がった魚のような気がした。仕事としては、地球から木星までの「ガリレオ」の軌道についてコンピュータ・シミュレーションを数限りなく行い、延々と数字の列を積み上げていく。単調な仕事だったが、我慢はできた。地球を飛び出して太陽系の探査に向かう、人類の探究の旅を支えていたからだ。それでもやはり、数学者としてのキャリアを離れて、カリフォルニアに来たことが正しい選択だったのかどうか、自問を始めていた。転職で引き受けたリスクの大きさが、はっきりと見えてきたのだ。

3

これまでの月への行き方

CONVENTIONAL WAY TO THE MOON

私は理論的研究も続けておきたかった。ＪＰＬで木星探査機のミッション用の軌道を設計する方法から、役に立つ新発想が得られそうな気がしたのだ。

私の関心をひいたことが一つあった。宇宙機は、月や太陽系の他の惑星へ向かって打ち上げられるとき、ホーマン遷移軌道に乗る。遷移軌道とは、一般に、空間のある場所から別の場所へ向かう経路のことだ。

ホーマン遷移軌道

地球から月へ、あるいはもっと一般的に、宇宙の一つの惑星から別の場所へと移動する

図1★ペイロードを搭載して地球周回軌道へ向かうロケット

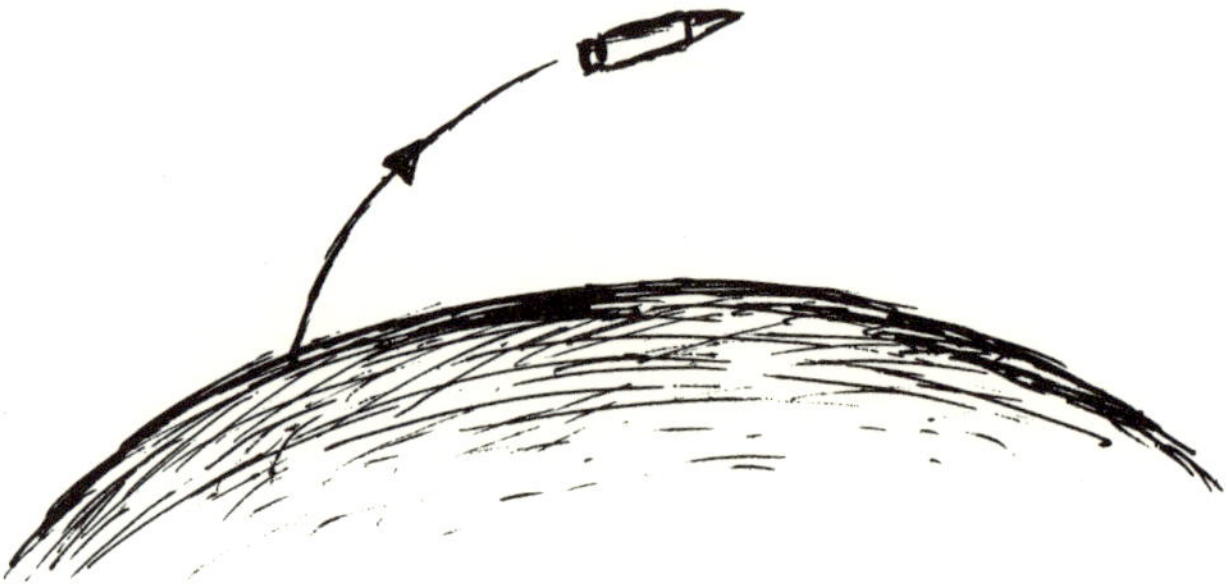

特別な経路を見出す方法を初めて明確に定式化したのは、ヴァルター・ホーマンというドイツ人だった。一九一六年のことだ。ホーマン遷移軌道は、ある前提条件のもとで、宇宙空間内の移動に必要なエネルギー（燃料）を最小にする道筋だ。ホーマンの理論は比較的単純なものだが、多くの場合に有効だ。

ホーマン軌道の説明は、地球から月への行き方から始めるのがいいだろう。これについては文献も豊富なので、簡単な説明にとどめることにする。では、地上から始めよう。

ロケットは地上の発射台から打ち上げられる（図1）。ロケットは多段式（燃料タンクとロケットエンジンを複数積み重ね、使い切ったものから切り離していくタイプ）で、地球周回軌道に到達するのに必要な燃料がそれぞれに満たされている。最上段には小さなペイロードが搭載されている。ペイロードとは、宇宙へ運ばれる荷物〔人工衛星など〕のことだ。最上段が、地球周回軌道（通常は地上二〇〇キロメートル）に到達すると、ペイロードが周回軌道に放出される。ロケットがこの高度に達するには数分しかからない。最上段以外は、必要な高度に到達するために使われた後、設計どおり切り離されている。

さて、ペイロードが月に行くための小型衛星で、今、高度二〇〇キロメートルの地球周回軌道にあると仮定しよう。予定された時間に、衛星は自身のエンジンを使って、月への遷移軌道に乗るために加速する。このエンジン始動の瞬間から、ホーマン遷移軌道が始まる。月への道のりはかなり短く、三日ほどだ。

衛星が月に近づき、月の地表面から予定の高度（たとえば一〇〇キロメートル）に到達したとき、エンジンを再度噴射して、速度を落とさなければならない。そうしなければ、月を通り過ぎてしまう（図2）。衛星、あるいは宇宙機は、月に到達するころには、月に対して秒速一キロメートルの速度になっている。衛星を高度一〇〇キロメートルの月周回軌道に投入するため減速するには、この高い進入速度のほとんどを失う必要がある。秒速〇・八四キロメートルも減速しなければならないのだ。

図2★月を通り過ぎるホーマン軌道

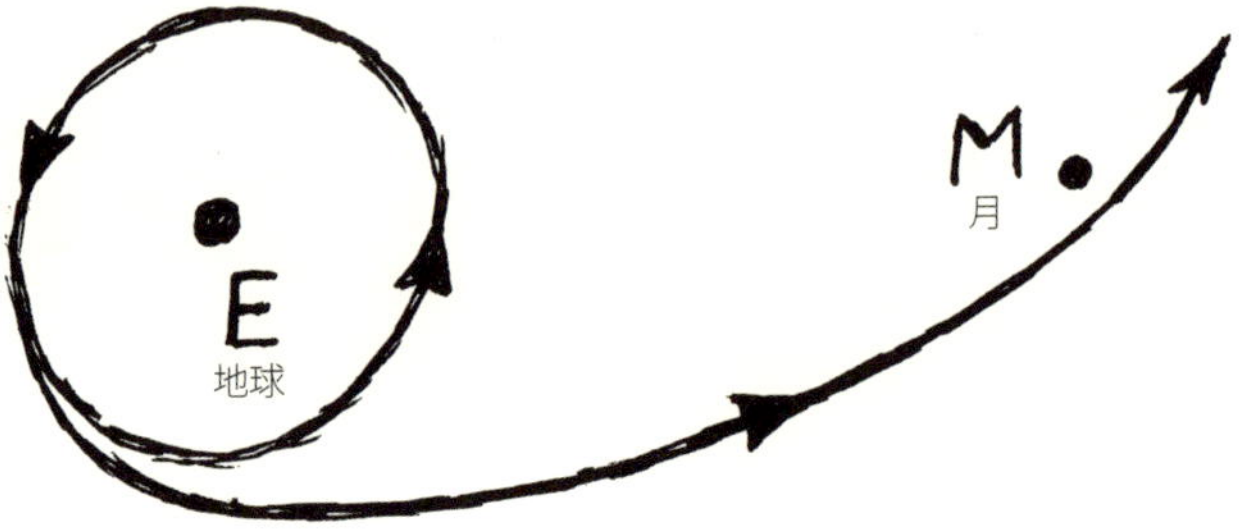

この月周回軌道は、月キャプチャー（捕捉）軌道と呼ばれている。図3を見ると、エンジンは二回噴射されることがわかる。一回目は、地球周回軌道を離れて、月へのホーマン軌道に移るとき。秒速三キロメートルの加速が必要だ。これは非常に高速である（弾丸が秒速約四・八キロメートル）。このときのエンジン噴射は数分で終わる。これは地球脱出マヌーバ（機動）と呼ばれる。☆

このマヌーバの終了後、エンジンは停止し、宇宙機は月へ向かって慣性で進む。月までの距離は約三八万キロメートルだ。

月面から一〇〇キロメートルという予定の高度に達したとき、エンジンは数分間再噴射される。今度は減速して、月周回軌道に到達するた

☆　一般に「マヌーバ」は、ロケットエンジン噴射後に宇宙機に加えられる速度変更のことを指す。

図3★地球周回円軌道から月周回円軌道までのホーマン軌道

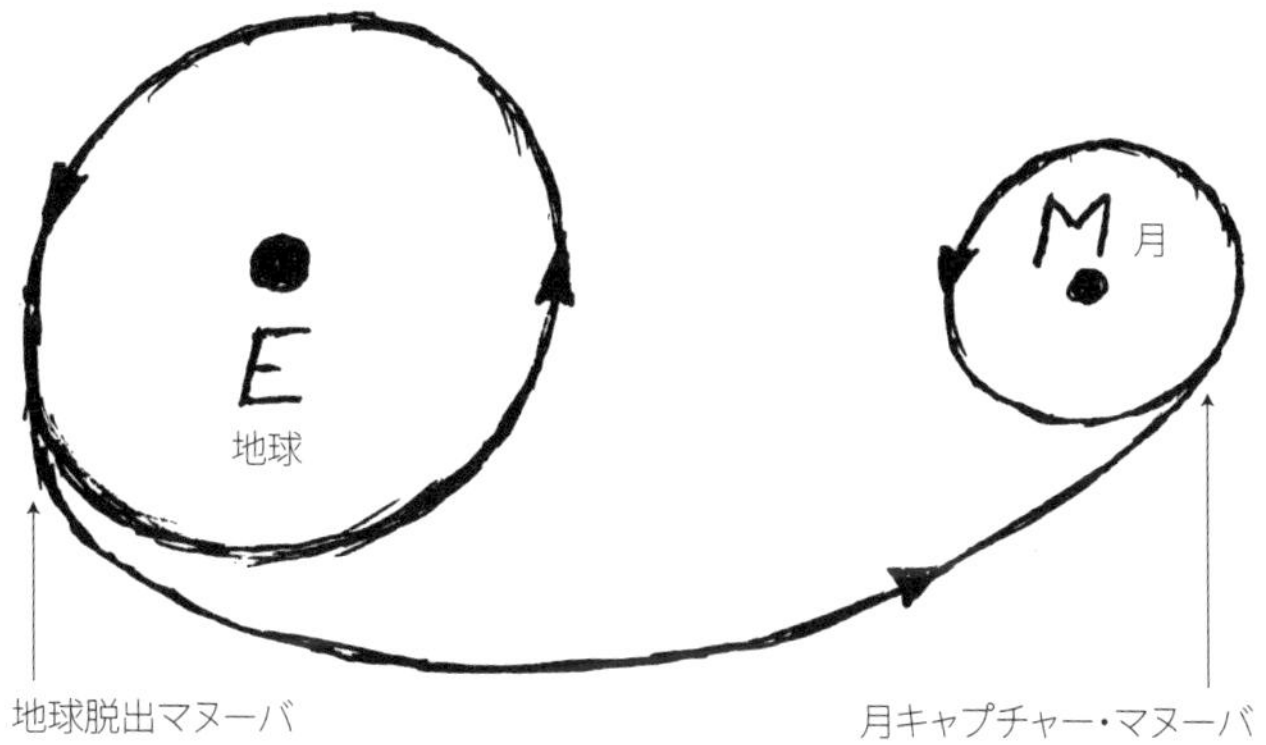

めだ。これが月キャプチャー・マヌーバである。宇宙機は向きを変え、進んできた方向とは逆向きにエンジンを噴射して減速する。

月キャプチャー・マヌーバで速度を落とした宇宙機は、月の重力に引き入れられ、月の周りを回るようになる。この他、月に到達するまでの間の軌道の微調整を行うために、エンジンを噴射することがある。これは軌道修正マヌーバと呼ばれる（この例では、話を簡単にするため、軌道修正マヌーバは行わないものとする）。

ホーマン軌道は、実は、かなり単純化されたやり方で決められる。宇宙機が地球を離れて月へ向かうとき、月の重力は無視して、地球の重力だけが影響すると仮定するのだ。月はかなり遠くにあるので、月の重力は宇宙機にあまり影響しないものとするのである。これによって、問題を二つの物体――地球と宇宙機――の関係に単純化できる。これを「二体問題」という。二体問題は比較的簡単に解け、実用的な公式を導き出せるため、このほうが望ましい。

同じように、宇宙機が月に到達するときは、宇宙機に対する地球の重力は無視される。今度は月が優勢になるので、月の重力だけが計算に入れられる。月と宇宙機という、もう一つの二体問題になるわけだ。物体の重力場をこのように無視することは、数学的には正しくない。宇宙機はいつも、地球と月の両方の重力を受けているからだ。だが、多くの応用の場で、こうした仮定が十分機能することがわかっている。ただ、ホーマン軌道で使われるこうした単純化された仮定には制限がつきもので、後で見るように、こうした仮定をやめることによって、新しいタイプの、より効率的な軌道が見えてくる。

ホーマンは、時代のずっと先を行く、真の予見者だった。一九二五年、『天体への到達可能性』[33]を出版。この本は、出版の一〇年ほど前にまとめた研究にもとづいている。乗用車が市場に出てまだ日が浅く、一九〇三年のライト兄弟による初飛行以来、飛行機の公開実演が行われていたころだ。大気圏外へのロケット飛行はまだ行われていない。ドイツのV2ロケットが先頭を切ってこの画期的な出来事に向かうのは、一九三〇年代のことだ（ナチスドイツがミサイル兵器として開発、初の大気圏外飛行は一九四二年）。しかし、ホーマンはこれを予期していた。人類がいつの日か宇宙へ飛び出すことを彼は知っていた。彼はすでに、月や火星、金星、その他の太陽系の惑星に行くことを考え、その方法を見つけていたのだ。

一九六〇年代から、アメリカと旧ソ連によって、彼の研究は実用化された。アポロ宇宙船による月着陸にも、彼の研究は重要な役割を果たしている。彼の研究は宇宙力学の基礎を築き、それによって宇宙機の軌道が決定されている。

ホーマン軌道の問題点

ホーマン軌道は実用上よく機能する。「サーベイヤー」から「マリナー」、「パイオニア」、「ボイジャー」、「ガリレオ」、「マゼラン」、そして「カッシーニ」まで、NASAの行った深宇宙《ディープ・スペース》ミッションの大半が、ホーマン軌道を利用して、太陽系惑星の探査を行った（深宇宙とは地球の重力圏外の宇宙のこと。一般に、木星以遠を指す）。

ホーマン軌道がよく利用される理由は何だろうか。

第一に、軌道がわかりやすく、コンピュータで決定しやすい。特に、コンピュータの計算能力がまだ高くなかった五〇、六〇年代には、このことは大きかった。実は、ホーマン軌道は電卓でも決定できる。このため利用しやすい。五〇年代以降、NASAにせよ、他の国（特に旧ソ連）にせよ、ホーマン軌道を宇宙機の軌道の基礎としてきた。

第二に、ホーマン軌道は信頼性が高い。何度も成功した実績がある。

第三に、目的地まで比較的早く、短い時間で到達できる。

だがやがて、新たな軌道設計の方法が求められるようになった。なぜだろうか。

ホーマン軌道も、いいことずくめではない。コストが高いのだ。宇宙機は、月に接近したとき、時速三六〇〇キロメートルという超高速で航行している（旅客機はせいぜい時速八〇〇キロメートル）。ホーマン軌道で航行する宇宙機を月面から見たとしたら、猛スピードで空を横切っていくように見えるだろう。そのため、月周回軌道に乗るためスピードを落とすには、多くの燃料を必要とする。だが燃料は高価だ。

どのくらい高価なのか。こう考えてみればその感覚がつかめるだろう。たとえば、宇宙機の重量を一〇〇〇キログラムと仮定する。小型の無人宇宙機としては典型的な大きさだ。

この場合、減速には約二四〇キログラムの燃料が必要になる。月までものを運ぶのは、非常に高くつく。一キログラム当たりほぼ五五万ドル〔約五五〇〇万円〕。したがって、月キャプチャー・マヌーバだけで一億三二〇〇万ドル〔約一三二億円〕かかることになる。車にガソリンを満タンにするのでも高いと思う感覚で見れば、ホーマン軌道は非常に高くつく方法なのだ。

ホーマン軌道の問題はコスト高だけではない。そもそも、月や他の目的地の惑星に高速で接近するということには、大きなリスクがある。月への到着と同時に、宇宙機はエンジンを噴射して減速しなければならない。だが、そのための時間は非常に短く、わずか数分足らずだ。もしも何らかの理由でこの間にエンジンが正常に点火しなければ、宇宙機は月周回軌道に入ることができずに、月を通り過ぎて宇宙空間を飛びつづけ、行方不明になってしまう。

つまり、ホーマン軌道では、周回軌道へのキャプチャー・マヌーバはオペレーション上決定的に重要なものであり、正常に行われなければミッション全体の失敗につながるのだ。実際、こうした例が起きている。一九九三年八月二一日、NASAの火星探査機「マーズオブザーバー」は、推進システムの不具合が原因で、火星キャプチャー・マヌーバを実行できず火星周回軌道への投入に失敗し、火星を通り過ぎて消息を絶った。

もし、月まで移動して月周回軌道に入ることが燃料を使わずにできるなら、月ミッションのコストは劇的に削減されるだろう。だが、どうすればいいのだろうか。

4 一つの疑問

A QUESTION

宇宙機が地球周回軌道から月周回軌道へ、スピードを落とさずに移行することは可能だろうか。可能だとすれば、多くの燃料と費用が節約できる。この単純な疑問が、私のキャリアと人生を変えることになる道へとつながっていた。

知られざる軌道

ミッション設計の分野になじみのなかった私は、この問題がすでに探究されてきたかどうかを知らなかった。私は文献を調べ、技術者たちに意見を聞いてみた。宇宙機が、燃料なしで、地球を離れて、月や他の惑星の周回軌道に入っていける（捕捉される）ような軌道。

どの文献にもそうした軌道は一例も載っていなかった。私が探したのは、ホーマン軌道と違って低速で月に接近する軌道で、「重力キャプチャー軌道」と呼ばれる。

数人の同僚に重力キャプチャー軌道について知っているかと聞くと、彼らは知らないと言い、もしそういう軌道があるなら、アメリカか旧ソ連の宇宙開発計画に携わる科学者がもう見つけているはずだとも言った。そんな問題で時間を無駄にしないほうがいいという遠回しのアドバイスだ。もし重力キャプチャー軌道が見つかったとしても、月まで行くのにはおそらく何百年もかかるだろう、だから実用的にはまったく意味がない、と言われたこともあった。

即座にこうした否定的な答えが返ってきたことから、重力キャプチャー軌道の存在が知られていないのがわかった。

だが、私は理論的観点から、また一九六〇年代のロシアの数学者V・アレクセーエフやK・シトニコフ、七〇年代のユルゲン・モザーの研究から、こうした軌道が存在する可能性があることを知っていた。数学者たちはまた、理論的な状況設定で、ある一つの物体が別の二つの物体の重力に捕捉されて離れなくなる場合があることを実証した。これは永久捕捉と呼ばれ、条件がそろえば自動的に起きる。その点で重力キャプチャーに似ていた。

彼らの出した結果はあくまでも理論的なものにとどまり、実際に使える軌道にはつながらなかったが、宇宙機のための重力キャプチャー軌道の可能性に道を開いた。

六〇年代、数学者チャールズ・コンリーは、相対的に月より低速で月に到達する、地球から月への軌道を見つけようとした。この軌道は重力キャプチャー軌道に近いといえる。宇宙機の航行速度が遅ければ、自動的に月の重力に捕捉されることになるからだ。コンリーは、月から見ればほとんど停止しているような軌道について、月付近ではその断片を示すことができたが、そうした軌道につながる地球からの軌道を見つけることはできなかった。ただ、それが可能だという考えは変わらなかった。

こうした研究結果が頭にあった私には、重力キャプチャー軌道が存在するという直感があった。そして、新タイプの軌道の発見には、地球と月だけでなく、太陽や金星などの惑星の微妙な重力の影響を、何らかの形で使えるのではないかとも感じていた。

そうなると、ますます謎解きの興味が深まった。というのは、ホーマン軌道は、地球と宇宙機、あるいは月と宇宙機の間の重力だけを使うという、単純化された方法で〔二体問題モデルで〕定式化されていたからだ。

天体力学は、重力の影響下にある物体の動きを扱う分野だ。この学問の世界では、たとえば地球、月、太陽、他の惑星など、三個以上の物体の重力が同時にかかわってくると考えた場合、宇宙機の動きがどれほど複雑になるか、よく知られていた。

その複雑さは、ホーマン軌道のように月までわずか三日で到達するときよりも、月までの到達時間が長い軌道において、特に顕著になる。ホーマン軌道は高速なので、微妙な重力の影響は無視できる。だが月まで長い時間がかかることになれば、こうした微妙な力が積み重なって、かなりの変化を起こす可能性があるのだ。

航行時間が長くなり、その間、重力による綱引きが微妙に作用するとしたら、その結果、ゆっくりと月へ蛇行していく宇宙機の動作には無数の選択肢がありうる。そうなれば、重力キャプチャーは十分可能だ。宇宙機の動きは非常に感度が高く、そのため小さな変化によって簡単に影響を受けるにちがいない。

このことから、もし重力キャプチャー軌道が存在するとすれば、その動きはさまざまな星の重力の影響に敏感な、カオス的な性質のものと考えられた。つまり、わずかな影響によって動きが大きく変化する可能性があるという意味だ。このことは次章で詳しく見ることにしよう。

重力キャプチャー軌道がカオス的である可能性を考えることは、その動きが複雑で調べにくいことを意味している。影響に敏感なカオス的な動きを研究する数学の分野は「力学系」と呼ばれ、宇宙力学ではなじみが薄かった。力学系を使うということは、ホーマンの方法論からの決別を意味した。コンリーの研究は、この方向への一歩だった。

月ゲッタウェイ・スペシャル

だが、重力キャプチャー軌道の存在の可能性を感じていたとはいえ、その発見となると別問題だった。また、見つけたとしても、実際の宇宙機に利用できなければならない。実用するには、航行時間をある程度は短くするなど、多くの制約が生じるだろう。

私はこの問題を研究しはじめたが、進み具合は遅々としていた。というのも、この問題のために使えたのは、「ガリレオ」の木星ミッションの軌道設計という、時間のかかる本来の業務以外の時間だけだったからだ。

ところがやがて、NASAとアメリカ全土が大きな衝撃に見舞われることになった。一九八六年一月二八日、スペースシャトル「チャレンジャー」の悲劇的な事故だ（打ち上げ時に爆発し、乗員全員が死亡した）。この事故の後、JPLの予算が削られるといううわさが流れた。

理論数学畑の人間だった私は不安定な立場にあり、予算削減でリストラが行われたら、真っ先にＪＰＬを去る人間の一人になるのはわかっていた。

まもなく私は「ガリレオ」から、少々主流をはずれた新しいプロジェクトに配置換えになった。そして結果的には、この異動が、エネルギー不要の月への行き方という問いに満足のいく解を見つけるための、思いがけない突破口になった。

新プロジェクトでは、今までとは異なる、軽量のロケットエンジンを搭載した探査機による月へのミッションが企画されていた。この探査機は、シャトルのカーゴベイ〔荷物室〕のペイロード・キャニスター〔金属缶〕に入る大きさになる予定だった。

図4のキャニスターは、ごみバケツほどの大きさの金属容器で、さほど高価ではない。大学の実験でよく使われるような容器だ。さまざまな小さいペイロードを入れる。ふたがポンと開いて、ペイロードを宇宙に放り出すようになっている。

この種の月探査機の設計は、むずかしくて、挑戦しがいがあった。月周回軌道に投入される宇宙機は、普通は、小型車ほどの大きさだからだ。探査機が低価格ペイロード用「ゲッタウェイ・スペシャル」キャニスターに収まる大きさになる予定だったので、このミッ

図4★シャトルのカーゴベイ内に並ぶ「ゲッタウェイ・スペシャル」キャニスター

ションは「月ゲッタウェイ・スペシャル（LGAS）」と名づけられた。

LGASの主目的は、月の南極にあるクレーターで、氷の痕跡を探すことだった。仮説によれば、はるか昔、彗星が月に衝突して、彗星の氷のかけらが月の南極のクレーターに落ちた。太陽からつねに陰になっているこうしたクレーターでは、そのかけらがそのまま残っていると考えられていた。

月における氷の発見、ひいては水の発見は、科学的に大いに関心をそそるものだった。将来的には、月に滞在する宇宙飛行士への水の供給にもつながるだろう。

ＬＧＡＳで使う予定のエンジンは、通常のロケットとは、まったく異なっていた。通常のロケットでは、化学物質を使って点火し、私たちの目にする、あの轟音を伴う打ち上げになる。ロケットは後部から明るいオレンジ色の炎を噴き出しながら、発射台を離れて急上昇していく。化学物質による点火は急激に大きな力を生み出す。この「推力」と呼ばれる力によってロケットは押し上げられる。たとえばスペースシャトルは、液体酸素と液体水素を使っている。これらは混合されて点火されると、激しい爆発を起こして大きな推力を生み出し、もうもうとした煙と炎を吐き出す（図5）。

二〇〇一年八月九日、日の出直前の午前五時三八分、ケネディ宇宙センターからスペースシャトル「ディスカバリー（正式名ＳＴＳ－105ディスカバリー）」が打ち上げられた。私は幸運にも、五キロメートルほど離れたケープ・カナベラルのバナナクリークという見学エリアから、打ち上げを見ることができた。

打ち上げの前、サーチライトに照らされたシャトルが遠くに見える。高層ビルのようだ。テレビや雑誌で何度も見たことのある光景として、もちろんおなじみだ。だが、本物はまったく違う。その場にいなければ、描写も評価もまともにできないような、

図5★スペースシャトルの打ち上げ

そういうレベルの現実だ。

　私は、五〇〇人ほどの人と一緒にＶＩＰ観覧席にいた。お祭りのような雰囲気だった。話し声、笑い声が飛び交う。「パパ、行ってらっしゃい」と書いた紙を持った小さな子もいた。これは現実なのだと私は実感し、遠くに巨大なシャトルを眺めながら、それがひどく危険でもあることを感じていた。

　さわやかなフロリダの朝、目の前の沼からはコオロギやカエルの鳴き声がする。観覧席の前には、大きなアメリカ国旗が、そよ風にはためいている。集まった人々のざわめきの中、スピーカーを通して、シャトル乗員と管制の会話が聞こえてくる。途方もないことが起こりそうな予感がする。これはテレビではない。

　打ち上げ予定時刻の九分前にはカウントダウンの休止が義務づけられている。問題が発生したときには打ち上げを中止するのだ。判決を待つかのように、集まった人々は突然静かになる。とても現実とは思えない。スピーカーの声は、打ち上げにゴーサインが出たと告げる。巻き起こる拍手と歓声。もうすぐロケットが実際に打ち上げられるという興奮が広がる。そのさなか、スピーカーの声が国歌演奏のために起立を求めるが、どのみち、ほとんどの人はもう立っている。演奏が始まると、こみあげてくるものがある。泣いている人たちもいる。誇りを感じずにはいられない。

やがて、遠くに見えていたサーチライトが消える。観覧席の電気も消える。真っ暗だ。カエルの鳴き声しか聞こえない。周りに誰もいないかのように静かだ。そしてスピーカーの声が響く。五九、五八、……一〇、九、八、七、六、五、四、三、二、一。

突然、地平線全体が明るく照らし出される。夜が真昼に変わり、目がくらむ。

これほど巨大な閃光は見たことがない。観覧席の前の小さな湖が浮かび上がり、水面は強い光のきらめく反射に照らされる。五キロメートルも向こうのエンジンの光はあまりに明るく、目を覆い、顔をそむけずにはいられない。カメラのフラッシュの一瞬の強い光を思わせる。フラッシュでも撮影後数分間は目がちかちかするが、これはただの小さなカメラではなく、巨大なエンジンの光だ。しかも一瞬では止まず、光りつづけるのだ。

音が耳をつんざき、思わず手で覆いそうになる。そうしている人もいる。轟音が響き、シャトルが上昇するにつれ、いくつもの衝撃音が立てつづけに伝わってくる。花火大会の最後に打ち上げられる最大の花火の音が、地を揺り動かすときのようだ。空気も振動し、体がその振動を感じる。まるで空気が生きているかのようだ。

私はあまりに近すぎるのではないかというばかげた恐怖に襲われたが、ここからはもう何度も打ち上げが見学されたのだと自分に言い聞かせる。

空気も熱気を帯びているように思える。畏敬の念さえ覚えずにはいられない。あちらにもこちらにも、涙を流し、声をあげて泣いている人がいる。巨大な技術の結晶、宇宙探索の夢の象徴として、シャトルは初めゆっくりと上昇し、やがて非常に急速に視界から消える。夜明け前の空を、光り輝く星が流れていくように、数分後には数百キロメートルの彼方にある。

イオンエンジンと化学エンジン

シャトルのエンジンは「高推力」だ。短時間、通常数分間ほど作動して、宇宙機の速度に劇的な変化を引き起こす。

一方、LGASのエンジンは低推力のイオンエンジンである。イオンエンジンの仕組みはこうだ。キセノンのような気体に高い電圧をかけると、原子が変化してプラスの電気を帯びる。これはキセノンイオンと呼ばれる。帯電させたイオンを加速させ、開口部から噴出させることによって、反対方向への小さい推力が生み出される。

次ページの図6を見ると、イオンエンジンと化学エンジンは似たような働きをすることがわかる。化学ロケットは、化学物質を爆発させて高温の気体をつくり、それをエンジンから噴出させることによって推力を生み出す。イオンエンジンでは帯電したイオンがエンジンから飛び出す。どちらの場合も、ロケットは気体やイオンの動きとは逆の方向に動く。だが、化学ロケットの推力は、イオンロケットの推力よりも大きい。イオンはきわめて小さく、ロケットから飛び出すときにその小さな質量が生み出す推力は、ほんのわずかだからだ。

ＬＧＡＳ搭載エンジンの推力は、手のひらに一円硬貨二枚を乗せたときに感じられる程度の力だ。これは化学ロケットの推力の約三万分の一しかない！

つまり、イオンエンジンは化学エンジンに比べてはるかに弱いことになる。だが、利点が一つある。ずっと「オン」にしておけるということだ。そして、わずかな推力による加速が積もり積もって、やがては化学ロケットが出せる速度よりも速くなるのだ。

化学エンジンは、比較的短時間の燃焼の間オンにできるだけで、燃料はすぐに使い果たされる。イオンエンジンはその動作に電気が使われ、ＬＧＡＳの場合、これは長いパネルに設置された太陽電池から生み出される。

図6★化学エンジンとイオンエンジンの推力

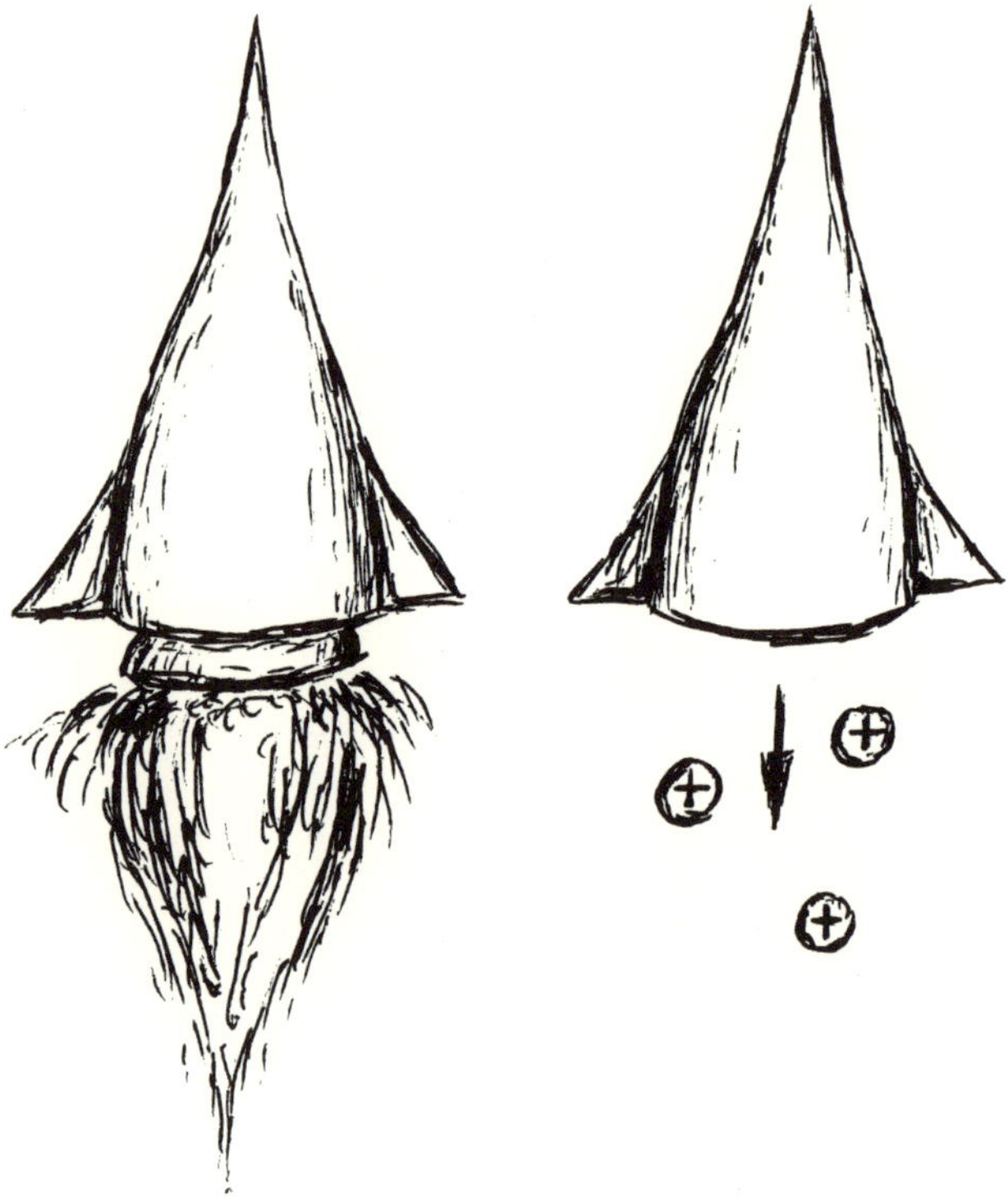

ただし、連続して作動しているイオンエンジンがその間に得られる速度の変化、「速度増分」（「デルタV」とも呼ばれる）は、秒速〇・三ミリメートル。これは、月周回軌道投入に必要な、秒速約九〇〇メートルよりはるかに小さい。化学エンジンなら、数分の噴射でこの速度に達する。LGASのエンジンでは何日もかかるだろう。

LGASプロジェクトでの私の仕事は、LGASの探査機を月周回軌道に投入する方法を見つけることだった。秒速約〇・三ミリメートルの加速が精一杯である以上、月周回軌道への投入時の速度変更がほとんどゼロで済むような方法を見つける必要があるのは明らかだった（つまり重力キャプチャーだ）。思いがけず取り組むようになったこの課題は、私がずっと関心を持って研究を続けてきた問題だった。LGASの仕事として、重力キャプチャー問題の解決に取り組む機会を手にしたわけだ。

だが、方法は？　文献には何もなかった。

5

CHAOS AND SURFING THE GRAVITATIONAL FIELD

宇宙でのサーフィン——カオスと重力場

重力キャプチャーがどのように起きるのか、直感的にとらえてみよう。宇宙船に乗って月に接近していると想像してほしい。接近のスピードが速すぎれば、月の引力は宇宙船を周回軌道に引き込めない。ホーマン軌道のときのように、宇宙船は月の横を通り過ぎてしまう。逆に、接近速度が遅すぎたり、接近しすぎたりした場合、引力が強く作用しすぎて、月面に衝突してしまうだろう（図7）。

つまり、宇宙船は忍び寄るようにゆっくりと月に近寄らなければならない。円軌道で地球を周回する月の動きにほぼ沿っている必要がある。月と同じような速度で動くことから、月面から見れば、宇宙船は空でほとんど動かず、まるで浮いているように見えるだろう。

図7★重力キャプチャーの感度の高さ

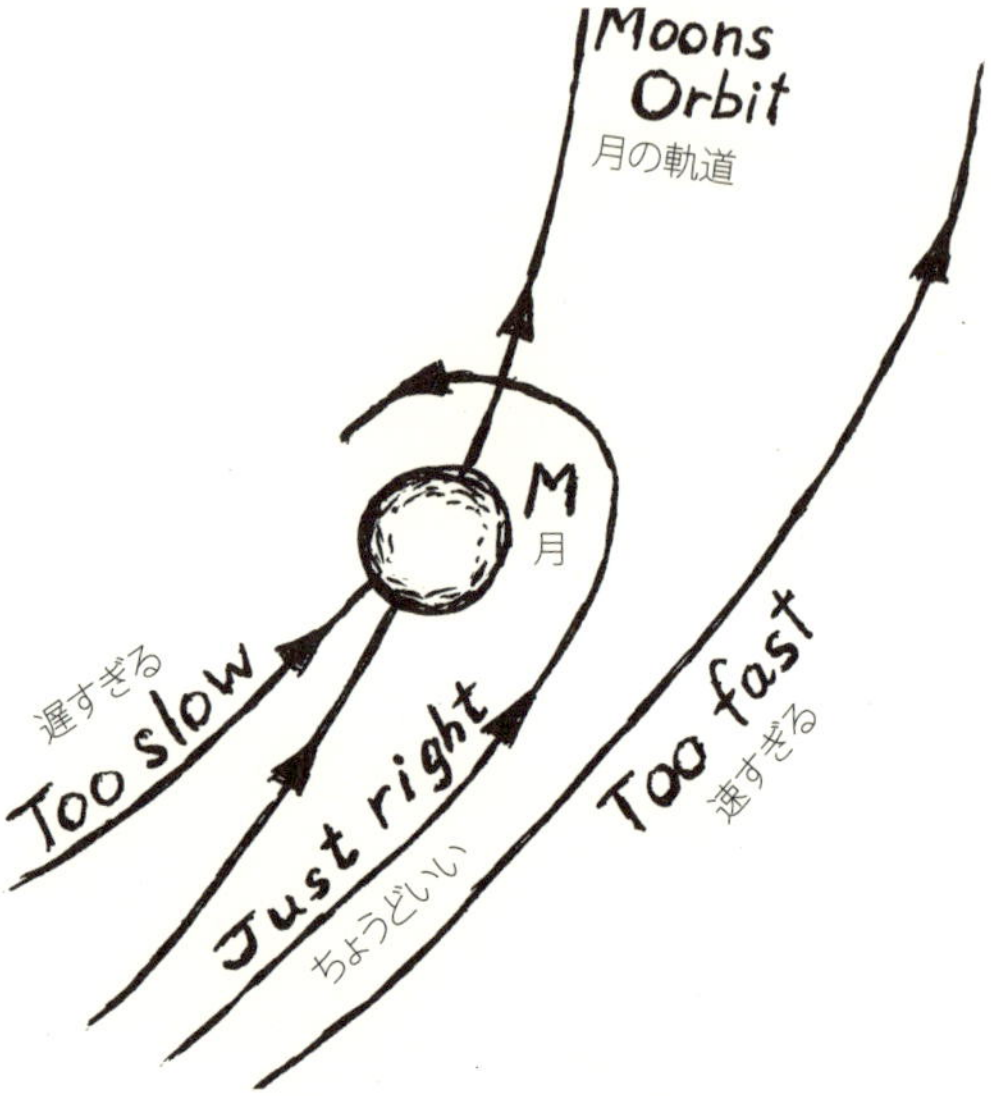

これが実現するには、航行中の宇宙船に対する地球と月の引力が、ほぼ釣り合っていることが必要だ。この種のバランス作用は、あまり安定していない。綱渡りの綱の上にいるようなものだ。月との相対的速度のわずかな増減が重大な影響を与え、宇宙船が月を離れて飛んで行くか、あるいは急激に月へ向かって落ちて行くかを決定することになる。

あるいは、波に乗ろうとするサーファーと考えてもいい。絶好の波が近づくのを見たサーファーは、波の速度に合うように漕ぎ、立ち上がって波頭に乗る。ちょうど波が来たときに十分な速度になっていなければ、波は通り過ぎてしまう。逆に速く漕ぎすぎたり、長く漕ぎすぎたりすれば、立ち上がろうとしたときに波頭から落ちてしまう。

同様に、重力キャプチャーもタイミングに敏感だ。だから宇宙船は、ちょうどぴったりの速度で月に到達しなければならない。このような感度の高さは、「カオス」と呼ばれる。

カオスとは何か

まず「カオス」という用語が、物体の動作について使われるときの意味を定義しよう。ある軌跡に沿って動く物体の動きが「カオス的」といわれるのは、動作中のある瞬間のわずかな変化が、その物体の動作に大きな変化を引き起こし、動作の軌跡が大きく変わる場合である。

この定義から、重力キャプチャーはカオス的プロセスだということができる。図7が示すように、重力キャプチャーが起こるとき、月周回軌道は非常に不安定である。いわば、地球と月の重力場が釣り合うところでのサーフィンだ。

カオスは、さまざまな状況に使われる重要な概念なので、もう少し見ておこう。物体の動きといった、何らかのプロセスを考えてみる。舞い落ちる葉でもいいし、動いている

図8★落ち葉のカオス

宇宙船や車でもいい。物体の動作にわずかな変化が起こったとき、物体がどちらに向かうようになるのか、その方向に無限の可能性がある場合、その物体の動作はカオス的だ。

たとえば、酔っぱらいが道を歩いて行くのを見たことがあるだろうか。歩くというようなものではない。千鳥足でふらふらと動き、とてもまっすぐには進めない。横から肩を軽く押してみると、ほんのわずかに加わったこの力のために、まったく違う方へ向かうだろう。転ぶこともありうる。この意味で、酔っぱらいの歩き方はカオス的な動きだといえる。この例では、動作はかなり荒っぽく、変化は急だ。

では、風の強い日の落ち葉はどうだろうか。大砲の弾のように、まっすぐ、どすんと地面に落ちるだろうか。もちろんそうではない。空中を舞い、風に

図9★地球の公転軌道

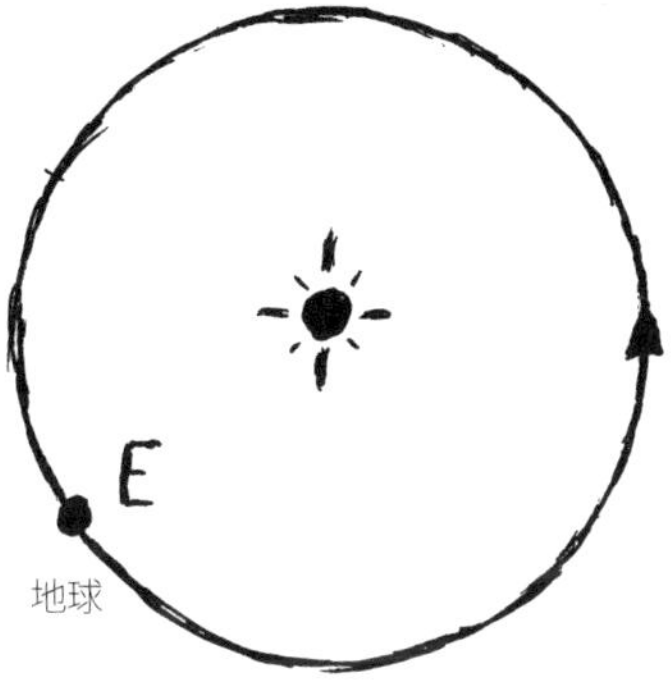

まかせてどちらへも行き、向かう方向は数限りなく存在する。どこにでもひらひら飛んでいき、ある場所から別の場所へ、一瞬で移動することもある。これもまた、変化の激しいカオス的な動作だといえる(図8)。

グライダーの動きもそうだ。グライダーは風から風に乗って緩やかに滑空する。一陣の風が、グライダーの動きに突然の予期しない変化をもたらす。こうした例では、カオスはかなり劇的に表れている。その一方で、もっと微妙なカオス的動作もある。

地球の軌道は円ではない

地球の公転軌道を考えてみよう。全体としてみれば、図9のように円軌道に見える。カオス的なものは何もなさそうだ。

図10★地球の公転軌道のごく一部

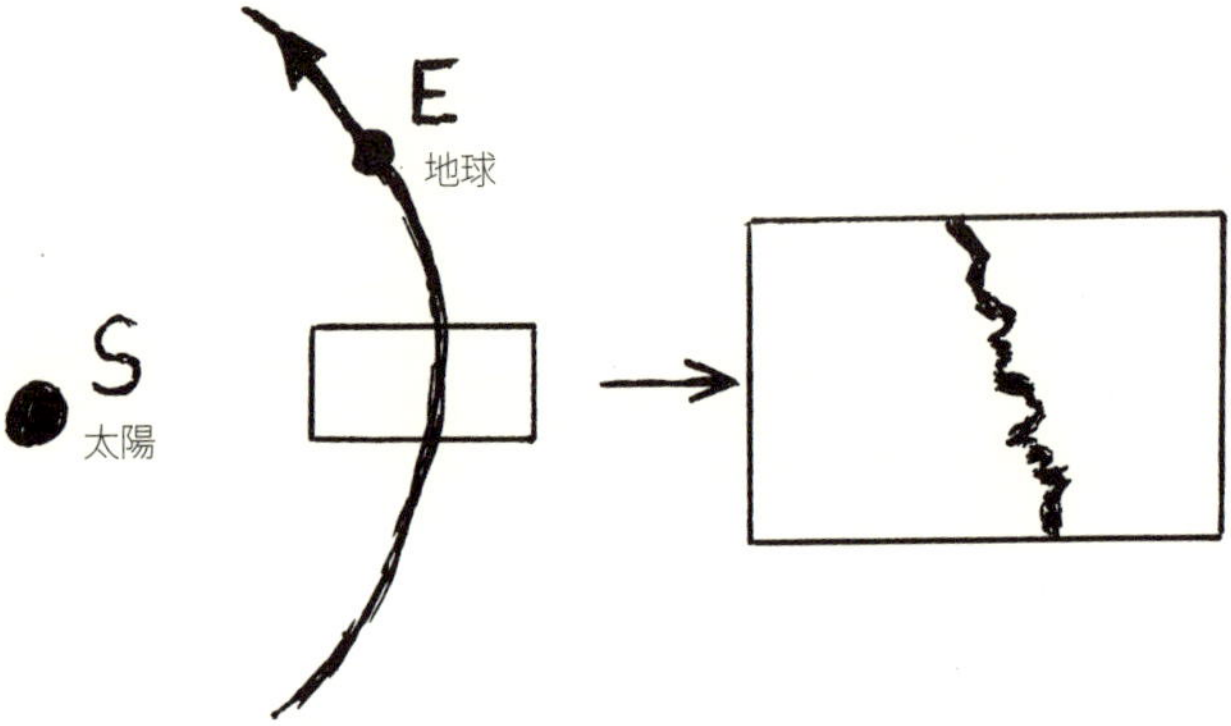

だがもっと近づいて、軌道のごく一部を拡大してみよう。

図10が示しているのは、その円が少しもスムーズではないということだ。不規則で、ジグザグした線を描いている。

これはいったいどうしたことだろうか。地球は太陽の周りで楕円軌道を描いていると教わったのではなかったか。そう、重力場を地球と太陽の間で考慮し、その二つを点とみなしているかぎり、これは正しい。ニュートンの万有引力の法則から、地球が太陽の周りを完全な楕円軌道で回っていることは知られている。

ところが、もし細かい部分をモデルに含めるなら、地球の軌道はもっと複雑になる。たとえば、すべての惑星の重力場と、さらに小惑星や衛星の重力場まで含めたモデルを作ることができる。また、地球や太陽、さらに惑星が、点ではなく不規則な形をした天体であるという事実も、モデルをもっと複雑に、精密にする。こうしたさまざまな要因が地球の軌道に微妙な変化をもたらしている。

地球の軌道の一部を表したこの図10が示すような動きは、天体位置表を使って地球の動きをモデル化すると観察できる（天体位置表は、地球やその他の惑星の運行について精密な長期予測を示すデータベースとそのモデル）。天体位置表では、観測された惑星の動きを考慮に入れるため、重力以外にも、多くの影響が反映されている。たとえば、太陽が固体ではなくガス状で、絶えず形を変えていること。また太陽と既知の惑星、その他の天体から構成されるこの太陽系が、それ自体、この銀河の質量中心（重心）の周りを回り、重力的にその影響を受けていること。こうした事実も反映されている。さらに、他の星の重力も、小さいとはいえ影響している。その他、私たちが理解していない暗黒物質（宇宙空間にある物質のうち、光っていないか、光を反射しない物質）やエネルギー、また、まだ気づいていない自然のさまざまな力が存在する。

要するに、地球の動きは、拡大してみれば複雑なのだ。どの瞬間にも、無数の方向から微妙な、さまざまな引力を受けている。このように、地球の動きは微妙な動き方をするカオスだが、重力キャプチャーのプロセスはもっと変化が大きい。次章でこのことを説明していこう。その後で、さらに劇的なカオスを見ることにする。

6

絵画からのヒント――カオス的領域の発見

Using Art to Find Chaotic Regions An Oil Painting Unveiling Dynamical

一九八六年、私がＬＧＡＳミッションの担当を引き受けたとき、プロジェクト・マネジャーから与えられた時間は数カ月しかなかった。その期間で、ＬＧＡＳ探査機用に、重力キャプチャーを使った月への軌道を発見しなければならなかった。

私が見つけなければならない軌道は、カオス的な性質を持っており、しかも、文献も先行研究もない。そのことを知っていた私には、この仕事が困難なものになること、成功の保証はないことがわかっていた。助けになるものは何でもありがたかった。重力キャプチャー軌道を描くには、コンピュータを使う必要も出てくる。いったいどこから手をつけたらいいだろうか。

油絵に浮かび上がる力学的プロセス

コンピュータを使う前に、重力キャプチャーが起こる可能性のある月周辺領域について、はっきりしたイメージを描いておく必要があった。重力キャプチャーがいつ起こるかはわかっている。航行する宇宙機に働くさまざまな重力のすべてがバランスするときだ。だが、そうした領域はどんなふうに見えるのだろうか。

この答えを、私は絵を描くことで見つけ出した。私は絵描きでもあり、油絵が専門だ。尊敬する画家はゴッホだが、ゴッホの絵を見ると、二つのことに気づく。まず、カンバス一面に、絵筆のタッチの一つ一つが躍動していること。さらに驚くべきことは、鮮やかな色彩もさることながら、調和があることだ。近くから見るとゴッホの絵はカオス的に見える。だが、少し後ろに下がって見ると、すべてのタッチが、調和のとれた、美しい、輝くような一つの場面に収まっている。

よく知られた例として、『星月夜』があげられる。ゴッホの描いた夜空は抑えがたい力をはらんでいるが、調和とバランスを失っていない。

私も自作にこうした効果を使うことがある。大切なのは、すばやく、腕の動くままに無

図11★『夢』（2003年、エドワード・ベルブルーノ、カンバス、油彩、91センチ×122センチ、個人蔵）

意識に描くことだ。直感的に絵の具をカンバスにのせて、絵が現れてくるのにまかせるのだ。

図11の『夢』と題した絵はこの手法を使っている。月の周りで重力キャプチャーが起こりうる領域を見つけるのに、この絵をどう使えるだろうか。

芸術は、現実を洞察する手がかりとなってくれる。宇宙空間の地球と月を描いて一つ一つのタッチが示されていれば、そうしたタッチから、この二つの天体の重なり合う重力場がバランスする、おおよその場所を見つけ出すことができるはずだ。

図12★地球と月のシステムのスケッチ（1986年、エドワード・ベルブルーノ、パステル、27センチ×35センチ）

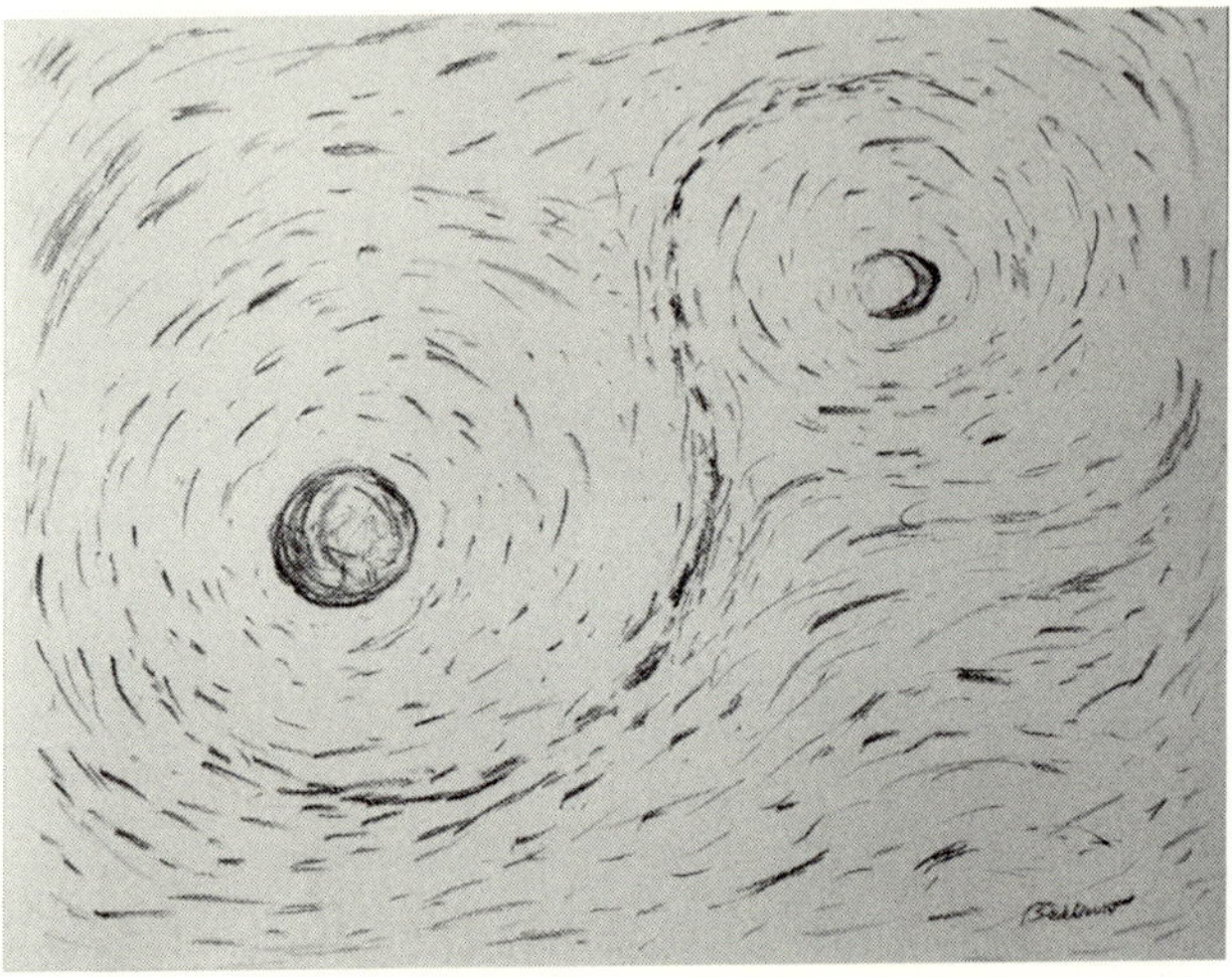

これを表したのが、図12だ。重力場が釣り合う場所を探し、それを理解するための出発点となった私の絵である。この絵を見ると、クレヨンのタッチは月の周りでは円を描いているが、ある程度離れると円が崩れていき、地球の周りの同じような円形パターンにしだいに移っていく。この月の周りの移行領域がポイントだ。この部分は二つの重力場が釣り合っていることを表している。

この移行領域に宇宙機がいれば、地球と月からほぼ同程度の引力を感じるだろう。月からは非常に弱い力で捕捉されているため、宇宙機は、不安定なカオス的動作で月の周りを移動することになる。

月周辺のこの移行領域を、ＷＳＢ（Weak Stability Boundary：弱安定境界）と呼ぶ。この領域は、後に説明するように、重力キャプチャーが成り立ちうる場所だ。

ＷＳＢはどのようにしたら見出せるのだろうか。

7

WSB—— A CHAOTIC NO-MAN'S-LAND

ＷＳＢ——微妙に安定した領域

ＷＳＢ（弱安定境界）は、月周辺にある一種の「中間地帯」といっていい。ここを航行する宇宙機に対して、地球と月の引力の強さが、ほぼ釣り合っているからだ。ここでは、宇宙機は、地球と月と、どちらの天体の周りを回っているのかはっきりわからない、どっちつかずの状態にある。ある瞬間は地球に引っぱられて月から離れ、次の瞬間には月の方に引き寄せられる。

というのも、宇宙機がこの境界にいる間、月の及ぼす引力は非常に弱く、宇宙機はかろうじてとらえられているだけだからだ。これは「微弱キャプチャー」と呼ばれる。第五章の初めで述べた、波頭に乗るサーファーに似ている。サーファーは、非常に微妙なカオス

図 13 ★月を取り囲む WSB 面。速度 v に対する微弱キャプチャーを規定するこの面上の点、d1、d2 の月面からの距離は一定ではない。

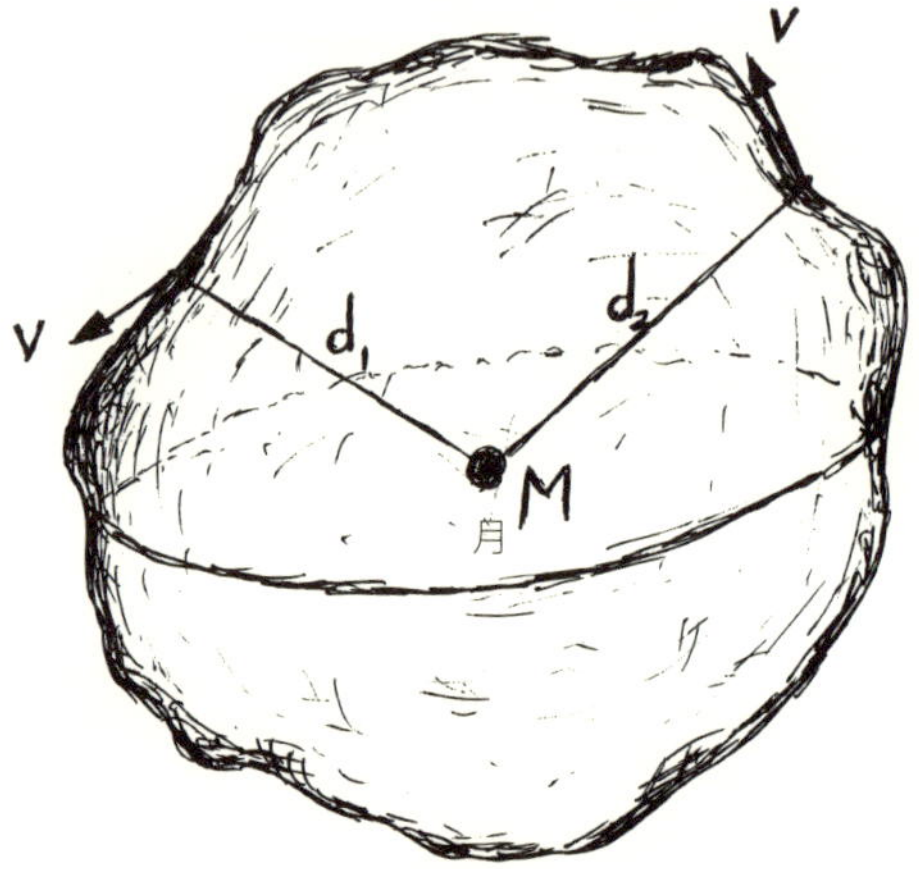

的なバランスで波に乗っているが、WSB上を移動する宇宙機も同じように、カオス的バランスをとっている。☆

WSBは三次元的には、月を取り囲む不規則な面の集合とみることができる。図13はそのうちの一例だ。WSB面が月面に近い場合、宇宙機はかなりの速度で移動している。WSB面が月面から遠いのは、宇宙機がずっとゆっくり航行している場合だ。このように、複数の異なるWSB面が存在する（図14）。WSBはいわば地図のようなものだ。

宇宙船に乗って、月に接近していると仮定しよう。接近にあたっては、ある一定の

☆　1990 年以前は、弱安定境界ではなく、「ファジー境界」という用語が使われていた。

図14★異なる速度v1、v2、v3のそれぞれに対応する、月のWSB面。

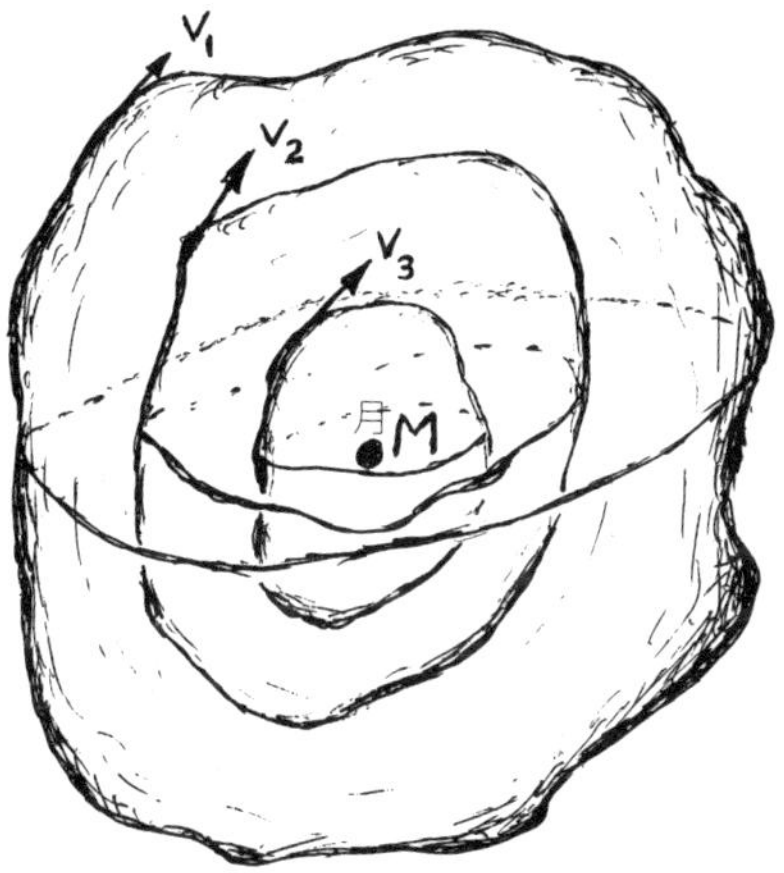

速度で、月上空の決まった場所に到着しなければならないことがわかっている。ある速度で緩やかに捕捉されることをめざす場合、WSB地図を調べてみる。そうすれば、捕捉されるには月からどのくらいの距離にいなければならないかが、経度と緯度に応じて示される。

つまり、月上空のどの地点にいるかによって、到達するべき月面からの距離が決まっているわけだ。その距離にいる宇宙船は、月面に引っぱり降ろそうとする月の引力と、月から引き離そうとする地球の引力との間で、ぎりぎりのバランスを保つ速度になる。そのときだけ微弱キャプチャーが起こるのだ。

図15★WSB上のカオス的動作

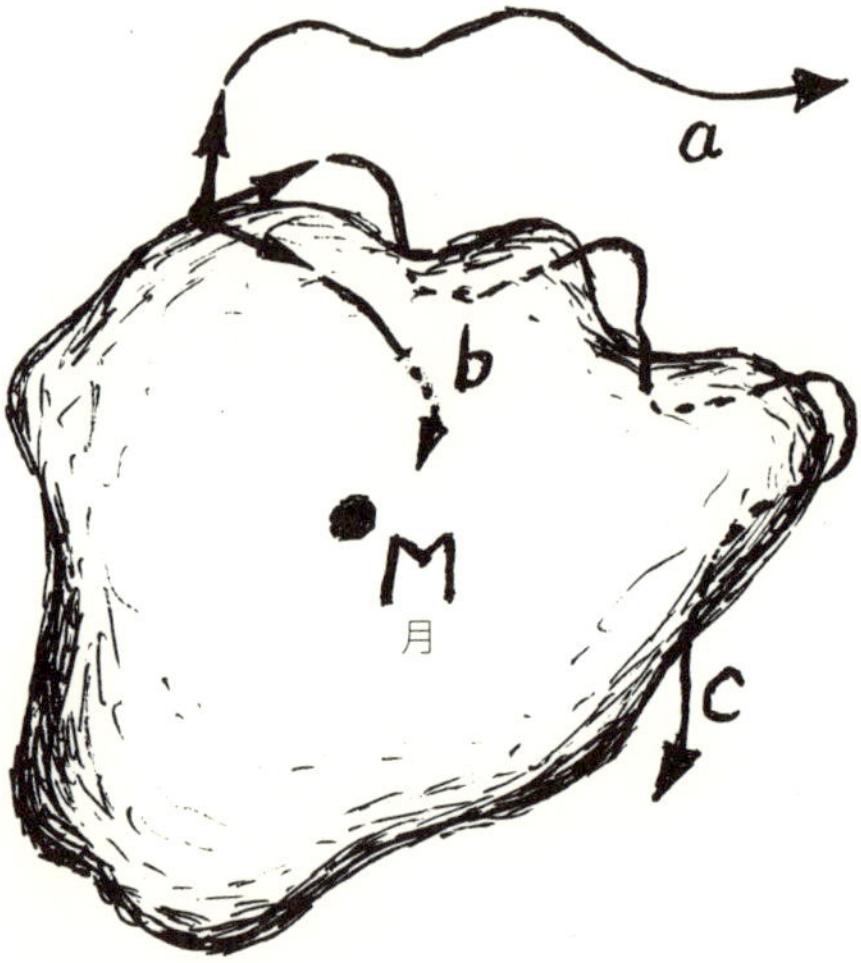

微弱キャプチャーのカオス的性質を、図15に示してある。

速度がわずかに速すぎれば、aの軌道のように月から離れて飛んで行く。逆にわずかでも遅ければ、bの軌道のように月の方に引きつけられる。これに対して、ちょうどぴったりの速度で航行した場合、cの軌道のように月に緩やかに捕捉されながら移動し、カオス的動きをするようになる。

こうした「微弱キャプチャー」を、一般的な言葉で言い換えれば「重力キャプチャー」である。

☆ WSBはコンピュータ・アルゴリズム、あるいは明確な公式による算出が可能とされている。E. Belbruno. *Capture Dynamics and Chaotic Motions in Celestial Mechanics* (Princeton University Press: Princeton), 2004.

ＷＳＢについて別のとらえ方をすることもできる。月とともに地球の周りを回転する座標系を考えてみる。名づけて「メリーゴーランド」基準系。地球が中央にあり、月は回転する台に固定されていると考えるのだ。この台上には、第三の力が働く。中心から外に引っぱる力、遠心力だ。ＷＳＢは、地球の重力場と月の重力場、さらに航行する宇宙機に働く遠心力、この三つの力が釣り合う場所ということになる。☆

この基準系において、もし宇宙機が「動いていない」、つまり月と地球に対し定位置にあるとすると、興味深いことが起きる。この場合、三つの力が平衡する場所は五カ所だけなのだ。この五カ所はＷＳＢ上の特別な点であり、ここでは宇宙機は月から見て静止している（すでに見たように、宇宙機が動いている場合は、ＷＳＢは五カ所だけではなく、月を取り囲む面になる）。

そして、もし宇宙機がこのうちのどこかにいれば、永久にそこにとどまることになるだろう。これは実用上、重要な点だ。なぜなら、この五カ所のどこかにいる宇宙機は、燃料を使うことなく好きなだけそこにとどまることができるからだ。

この五つの平衡点は、ずっと以前から知られていた。これを発見した二人の数学者、レオンハルト・オイラー（一七〇七〜一七八三年）とジョゼフ＝ルイ・ラグランジュ（一七三六〜

図16★回転基準系におけるラグランジュ点

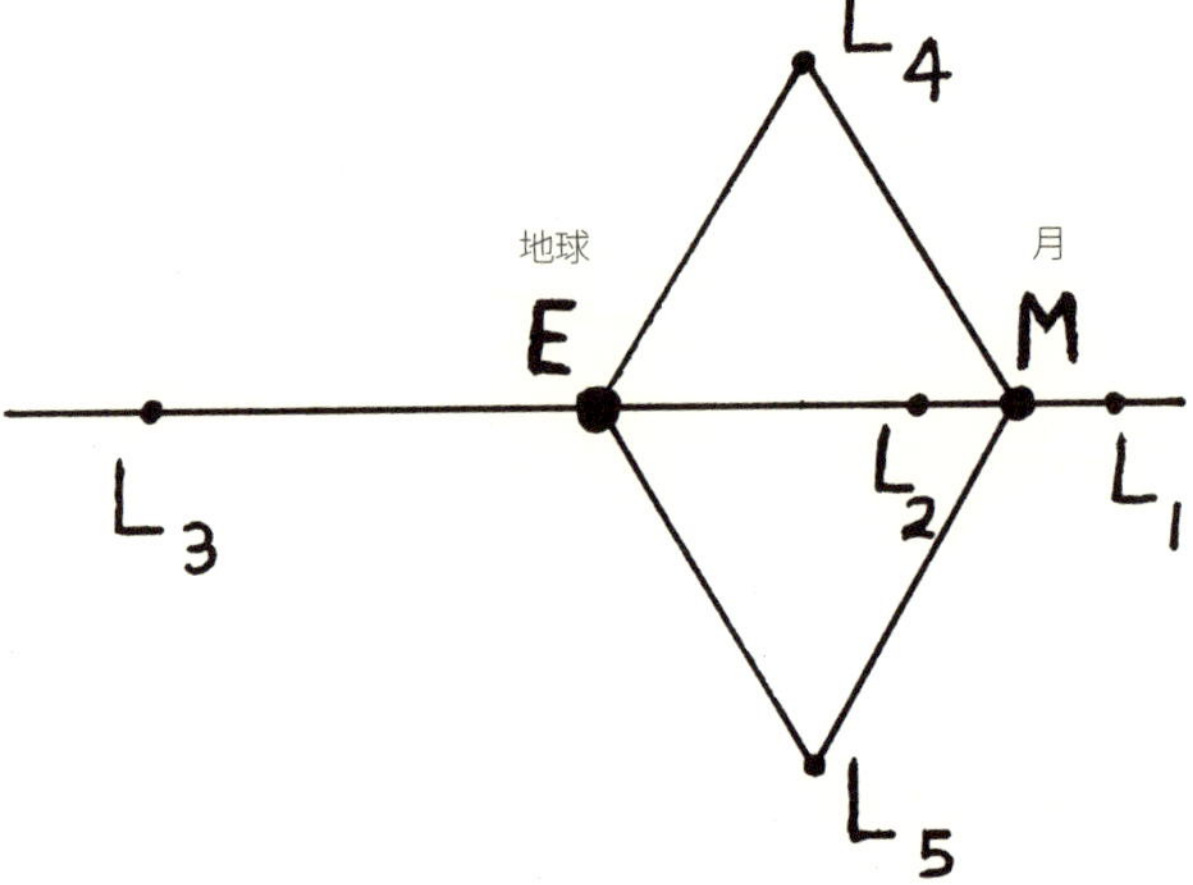

一八一三年）にちなんで、オイラー・ラグランジュ点《ポイント》と呼ばれている。図16のＬ１からＬ５の五点である。このうち、Ｌ４とＬ５は、地球－月間を底辺とする正三角形の頂点にあたり、正三角形解（トロヤ点）と呼ばれる。Ｌ１からＬ３は地球と月を結ぶ直線上にあり、直線解と呼ばれる。ラグランジュ点については、また後で取り上げることにしよう。

ＷＳＢ上にある宇宙機の動作がどれほど影響を受けやすいか、別の方法で見てみよう。宇宙機が月に接近して通り過ぎるとき、その航跡は、図17のＡのように曲がる。この場合、月通過に伴って、宇宙機は速度を

図 17 ★接近通過速度の低下により、微弱キャプチャーに至るまでの重力アシストの変化

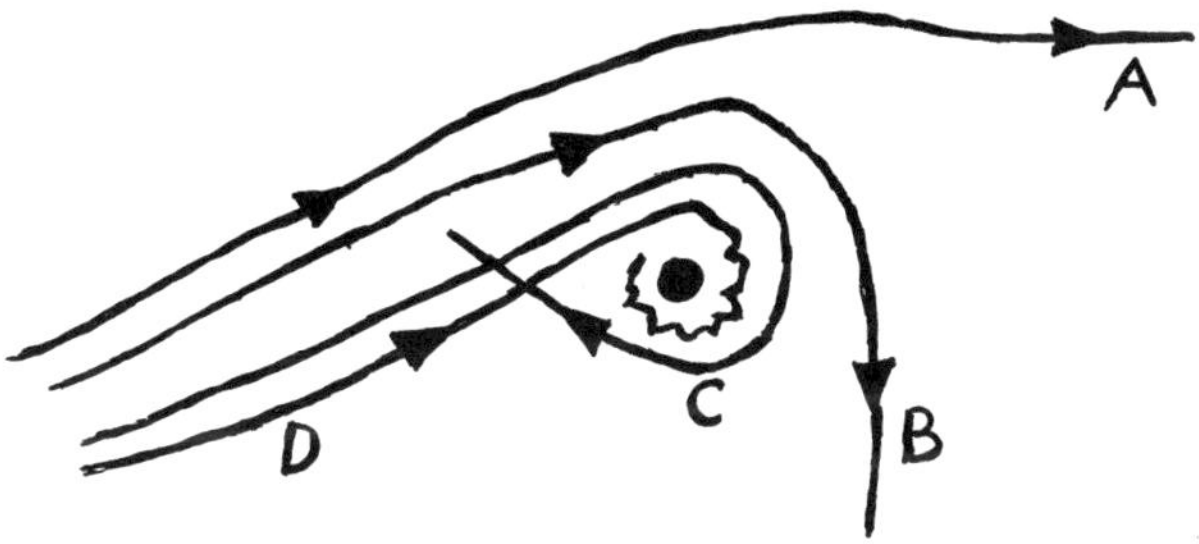

増す。月に接近する際、月は重力によって宇宙機を引っぱるからだ。

宇宙機は月を通り過ぎるとき、月の公転によって加速する。このプロセスを「重力アシスト（スイングバイ）」と呼ぶ。月への接近速度がもう少し遅ければ、月の引力が宇宙機をとらえている時間が長くなり、Bが示すように、航跡はもっと大きく曲がる。速度が落ちるにつれて曲がり方は大きくなり、Cのように月の周りにループを描くようになる。やがて速度がさらに落ちて、ある速度までくると、月の回りをループしても月から離れていかず、WSBで月に緩やかに捕捉されるようになる。それがDだ。

宇宙機が月で重力キャプチャーによって捕捉される場合、すでに見たように、その動きはカオス的性質を持つ。このような不安定な動作状態になるのは、あまりいいことではないように思えるかもしれない。だが、ありがたいことにそうではない。この状態なら、ほんの小さな、ほとんどないに等しいエンジンの噴射（マヌーバ）で、微弱キャプチャーを月の周回軌道上で安定的に起こすことができる（軌道は円ではなく、通常かなり重心の偏った楕円軌道になるが）。そしてこの特性こそが、重力キャプチャーを実用上、理想的なものにするのだ。

8

エネルギーを使わずに

GETTING TO THE WSB——LOW ENERGY

さて、ＷＳＢとは何か、どのような性質を持つかがわかってきた。「ひてん」救出の話にもどる前に、月への新しい軌道の発見につながるＷＳＢの性質をもう少し詳しく見ておこう。

月までの軌道を見つけたい。ただし、ある距離まで接近したとき、重力キャプチャーを受けるような軌道にしたい。宇宙機をＷＳＢに到着させたいわけだ（図18）。こうした軌道は一般に、「重力キャプチャー軌道」と呼ばれる。

ＬＧＡＳの研究に際して、私はまず、ＬＧＡＳの探査機にとって大きな重要性を持つＷＳＢを算出した。これで重力キャプチャーが起こる可能性のある領域を把握できた。ここ

図18★WSBのa点まで行く重力キャプチャー軌道

までがLGASの問題の前半だった。

どこへ行かなければならないかはわかった。次は、どうやってそこにたどりつくかだ。これは簡単ではない。地球付近の軌道を出発点として、宇宙機を望みどおりの慣性速度でWSBに到達させるのは、小さな針の穴に糸を通すようなものだ。地球付近の宇宙機に月へ向かう推進力を与えてやり、数日、あるいは数カ月経った後で、宇宙機がちょうどぴったりの速度でゆっくりとWSBに忍び寄るようにしなければならないのだ。さらに厄介なことに、WSB上の動作はきわめて感度が高く、カオス的だ。このため、望ましい速度にするのは至難の技になる。

私は、地球付近で宇宙機に与える推進力の大きさを念入りに調節することで問題を解決しようとしてみた。だが、月到達時に確実にWSB投入に適した速度にな

図19★時間遡及法を使って、WSB軌道を見つける

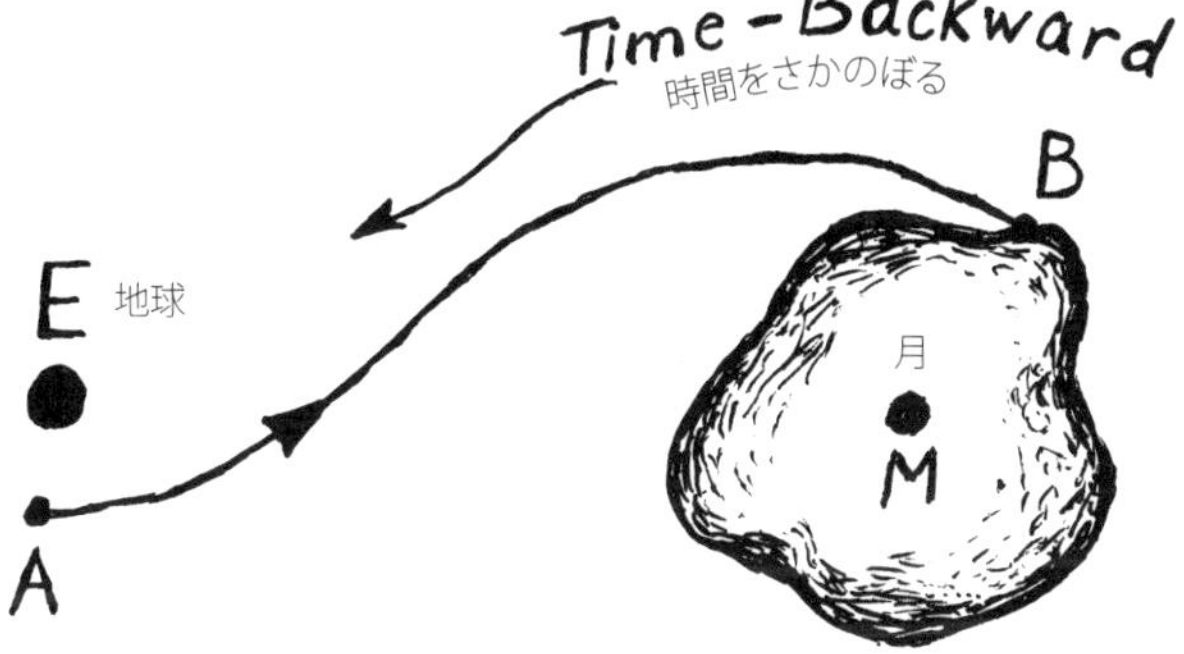

るような精度で、宇宙機の初速を調整するのは無理だということがわかった。月への接近は速すぎるか遅すぎるか、どちらかになってしまう。この問題を研究していた当時は、これに取り組むための道具がまだ十分に発達していなかった。解決方法があるだろうか。

カギは、時間をさかのぼっていくことにあった。宇宙機が適切な速度と距離で、月周辺のWSBに「すでに」いると仮定するのだ。そしてこの位置を起点として、ここに至るにはどこから来る必要があるか、時間をさかのぼって探っていくよう、コンピュータにシミュレーションの指示を出す。うまくいけば、地球の近くを通るだろう。仮に、地球付近の適当な場所、たとえば**図19**のAの位置に来るとしよう。そうなれば、このAからWSB上の任意の場所Bまで、適切な速度で進んでいく重力キャプチャー軌道が見つかったこと

になる。

こうした軌道計算方法を時間遡及法と呼ぶ。WSBの性質はこの方法にとっては理想的だ。WSB上では動作は鋭敏になり、宇宙機は緩やかに捕捉されている状態にある。宇宙機がWSBにいる時間はきわめて短い。その位置（B点）に合わせて速度を算出し、そこから時間をさかのぼって分析すれば、A点が見出せる。図19はこれを示している。時間遡及法というのは、いついつまでに仕事に行って、これこれの仕事をその日のうちにしなければならないというときに、朝何時に起きればいいかを決めるのに似ている。

LGASの軌道についていえば、A点は地球から一〇万キロメートルだということがわかった。かなり遠い。もっと強力な化学エンジンを搭載していれば、A点に向かってほぼ直線のように見えるホーマン軌道を通り、高速で地球を離れることができただろう。だが、イオンエンジンは低推力なので、探査機は、らせんを描いて少しずつゆっくりと地球を離れなければならない。

探査機はシャトルから放出された後、らせん状に回ること三〇〇〇回、一年半かけてA点に到達する。A点でエンジンを停止し、重力キャプチャー軌道を通ってB点まで慣性で進むのに一四日。B点でエンジン点火、さらに四カ月かけて、月面から一〇〇キロメート

☆　重力キャプチャー軌道はWSB軌道とも呼ばれる。

図20★LGASの月までの軌道

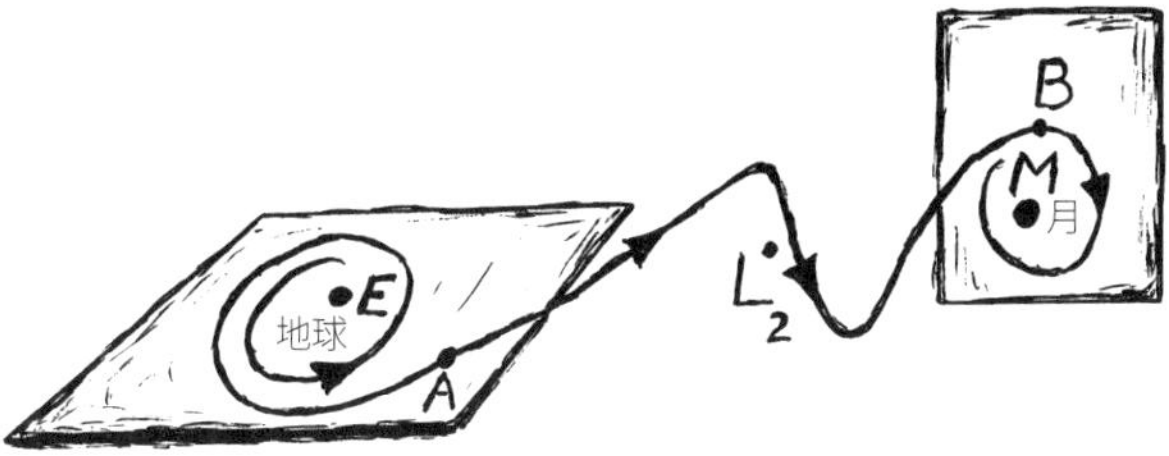

ルの予定の高度まで、らせんを描いて降下していく。シャトルを離れてから、実に約二年！　月まで行くにしては長い時間だ。しかし、B点での捕捉は重力キャプチャーで行われるため、燃料を必要としない。図20はその軌道の全体を示している。後で見るように、二〇〇三年に打ち上げられた、欧州宇宙機関（ESA）の月探査機SMART1は、このLGASの軌道設計からヒントを得ている。そして第四章で見たチャールズ・コンリーの推測が正しかったことを証明した。

一般的な重力キャプチャー軌道は、省エネルギー軌道といわれる。月周回軌道への投入に燃料を必要としないからだ☆。これに比べ、ホーマン軌道の場合は、減速して月周回軌道に投入するのにかなりの燃料が必要になる。燃料を大量に消費するところから、高エネルギー軌道と呼ばれる。

AからBへの重力キャプチャー軌道の存在は、第六章で見た図12〔七六ページ〕の絵にヒントがあった。地球の周りで円を描く筆のタッチから月の周りの円形へと移る、一つの道筋が浮かび上がっている。濃い色で示されたこの道筋をたどって、地球周回パターンから月周回パターンへと移行していくのだ。

9 月ミッションを救え

RESCUE OF A LUNAR MISSION

「ひてん」救出の話にもどろう。一九九〇年春にジェームズ・ミラーがやって来た後、私たちは、LGASで使ったのと同じ方法によって、「ひてん」を月へ送り込む方法を見つけた。私たちは、「ひてん」がすでに希望どおりの終着点、つまり月付近のWSBにいると仮定した。そして、どうやってその場所に行ったかを探るため、シミュレーションを使って時間をさかのぼった。最初の結果は非常に有望に思えたが、そのような救出活動は、それ以前には行われたことがなかった。

図21で、「ひてん」がWSB上の点Bにいると仮定しよう。「ひてん」はここを起点として、私たちのシミュレーション・モデルにしたがって時間をさかのぼり、月を離れてい

図21★時間遡及法により、月のWSBを起点として、地球から160万キロメートル地点までの弧を描く軌道、アークII。

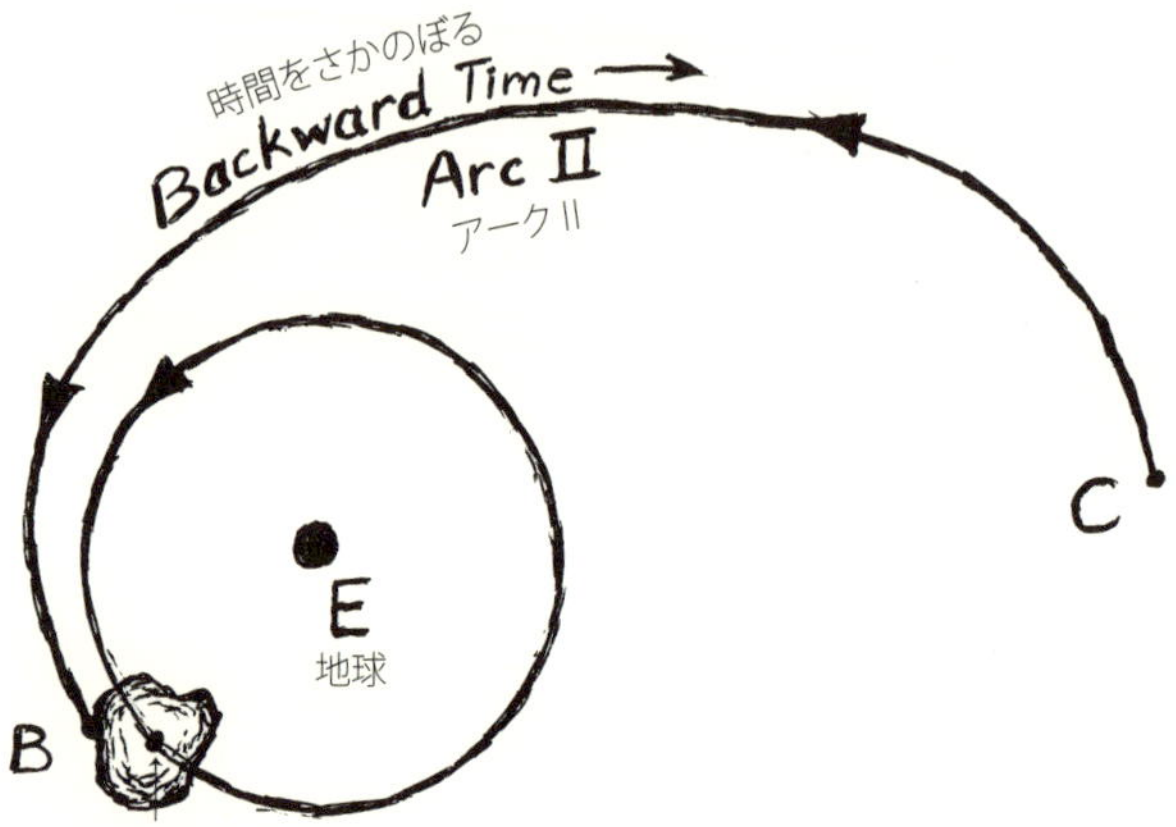

く。その結果、「ひてん」は月から外の方向へと引っぱられ、図21が示すように、地球からも離れていった。地球からの距離は、地球－月間の距離の四倍に達した。地球からも月からも非常に遠く、どちらからも一六〇万キロメートルある。そこからさらに時間をさかのぼっていくと、今度は地球に向かってもどってくる。これは私たちの予期したとおりだった。私たちとしては、シミュレーションによる軌道が、地球周回楕円軌道上の「ひてん」の現在位置の近くに来てくれるのが望ましかった。そうなれば、時間を進めることで、「ひてん」は月のＷＳＢに到達できることになる。

だが残念なことに、「ひてん」のシミュレーション軌道は、図21のように、私たちの期待どおりには地球に近づかなかった。この図には「ひてん」の実際の動きは示されていないが、「ひてん」は地球を周回する小さな楕円軌道を描いている。私たちが時間をさかのぼってシミュレーションした軌道は、この楕円軌道の彼方にある。こうなると、私たちのモデルを使いながら、今度は時間を進めて、何とか「ひてん」を地球周回軌道から離れさせ、時間遡及シミュレーションによる軌道にどこかで合流させる道筋を見つけなければならない。合流すれば、その後は、WSBに向かっていくことになる。

まず、地球からもっとも離れたC点で時間遡及法による軌道を止めた（図21）。Cから時間を進めれば、月まで行く軌道が得られる。これが「アークⅡ」だ。

軌道が地球からこれほど遠く離れたことが、実はカギだった。離れた理由は、太陽の重力が、地球－月系から離れる方向に「ひてん」を引っぱったからだった（それまで私は、こうした太陽の重力の影響をシミュレーションにとり入れたことがなく、軌道はあまり月を離れることはなかった。太陽は遠すぎて、感知できるような影響はないと私は考えていた）。

この発見が突破口になった。より短時間で月へ行く重力キャプチャー軌道。私がずっと探しつづけていたその軌道を見つけるきっかけを与えてくれたのだ。図21のC点付近の

図 22 ★地球周回軌道を起点として、地球から 160 万キロメートル地点までの弧を描く軌道、アークⅠ。

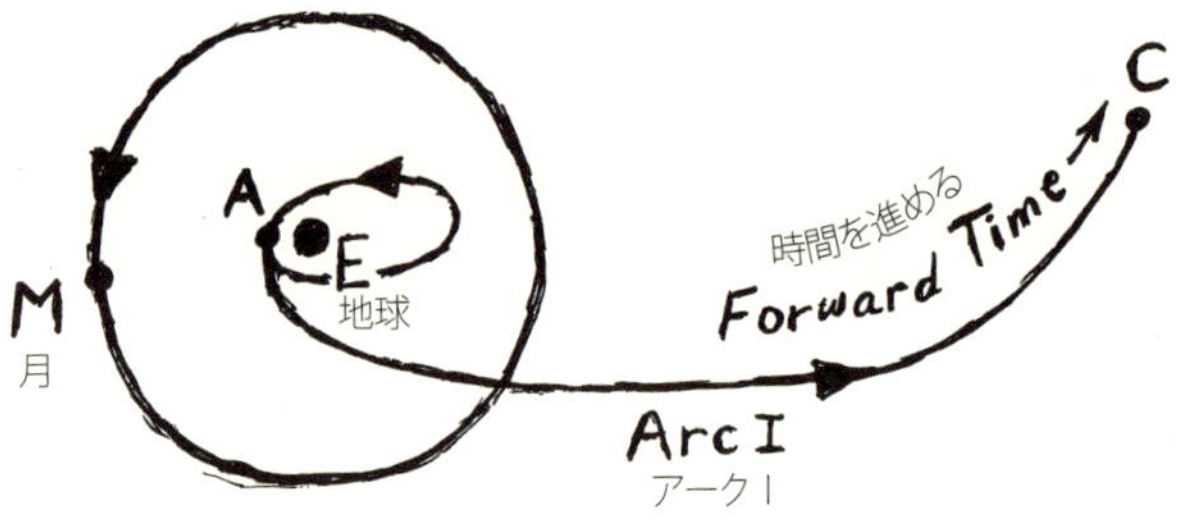

動作は非常に変動しやすく、必要な柔軟性を備えている。C点付近では、地球と太陽の引力がほぼバランスしているからだ。

次に、地球周回軌道上の「ひてん」の現在位置、図22のAにもどる。私たちは、最小限のマヌーバで「ひてん」が地球を離脱し、通常の時間の流れに沿って、Cまで飛行することを望んでいた。「ひてん」が使える燃料はごくごくわずかだったため、このマヌーバは非常に小さなものでなくてはならない。少し調べた後、使える燃料の範囲内のマヌーバで、Cまで行くことが可能だとわかった。ありがたい！

もう一つ大きな問題があった。Aを始点とするこの軌道「アークⅠ」がCに到達するときの速度だ。Cからは、月のWSBへ向かう「アークⅡ」が始まるが、C点到着時の「ひてん」の速度は、「アークⅡ」を出発するときの速度と一致しなければならない。これには、別のマヌーバが必要だった。当初、速度の差が大きすぎて、「ひてん」が使える量を大幅に上回る燃料が必要と思われた。私はとても無理ではないかと思ったが、ミラーはこの問題に集中的に時間を費やし、コンピュータで何度もシミュレーションを重ねて、ついに、速度調整に必要な燃料の量を減らすことに成功した。C点付近の「ひてん」の動きに柔軟性があったからこそできたことだった。

まさに軌道設計の醍醐味だった。まず、「ひてん」の地球周回軌道上の位置A点から「アークⅠ」が始まる。ここでの小さなマヌーバによってC点まで行くのに四五日。C点でもう一度小さなマヌーバを行って「アークⅡ」に投入。そしてその一〇〇日後に、WSB上のB点で月に捕捉される。第一の地球脱出マヌーバと、C点での第二のマヌーバを合わせても、秒速四八メートルで済むことがわかった。これは三キログラムの燃料消費に相当する。燃料はヒドラジンだ。

これは、「ひてん」が使える七キログラムの燃料、秒速一〇〇メートル相当をかなり下回る。以前なら、そんなことができるかもしれないとさえ思わなかっただろう。A点から

図23★月へ行く「ひてん」のWSB軌道

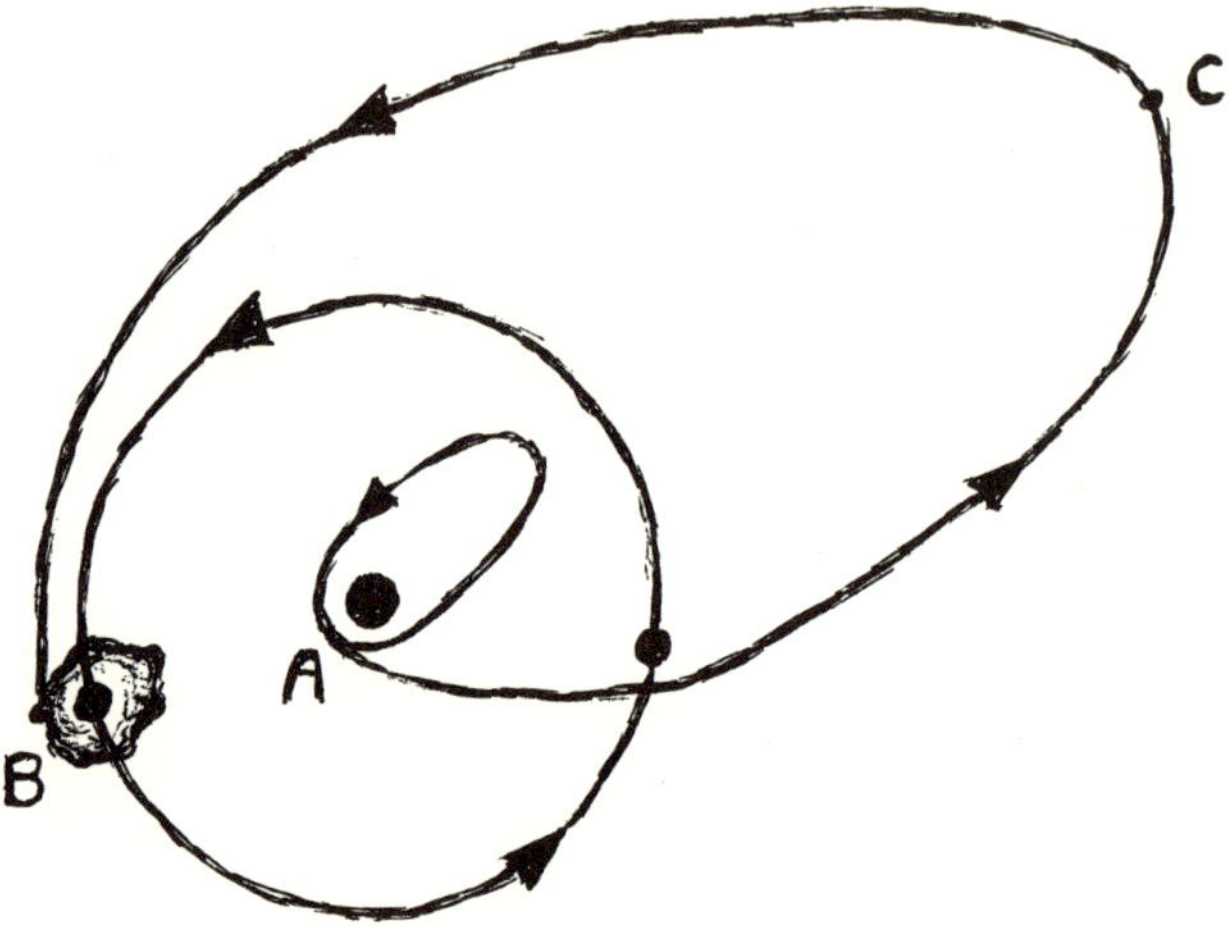

B点までの重力キャプチャー軌道の全体、「アークⅠ」と「アークⅡ」を合わせたものを図23に示す。地球を離れた後、月の横を通って重力アシストを得ている。

「ひてん」が使えそうな月までの道筋ができた。地球離脱から月捕捉までに秒速わずか四八メートルの速度変更を達成できればいいというのは、伝統的なホーマン軌道で必要となる二五〇メートルよりはるかに少ない☆。ホーマン軌道では予算オーバーだ。ただ、ホーマン軌道なら月まで三日で行けるところが、この軌道では一五〇日かかる。この差は大きいが、無人の衛星なので問題にはならない。時

☆　ホーマン軌道は、地球あるいは月に対する宇宙機の動作を、二体問題としてモデル化したものにもとづいている。これに対して重力キャプチャー軌道では、太陽、地球、月、そして宇宙機を同時にモデル化する必要があり、四体問題になる。この問題については、あまり知られていない。

間が余計にかかる間に、「ひてん」の状態をモニターすることもできる。

一九九〇年六月、私たちはこの軌道について説明した資料を日本へファックスした。正直に言って、日本側が関心を示すことはあまり期待していなかった。第一に、これはまったく新しい手法で、今まで使われてきた月への軌道のどのようなものとも似ていない、カオス的動作を利用するものだった。重力キャプチャーについて書いた文献は、LGAS関連のものを除けば、一つもなかった。第二に、ミラーも私も、日本の宇宙科学研究機関である宇宙科学研究所（ISAS）（二〇〇三年の宇宙三機関統合後は、宇宙航空研究開発機構（JAXA）宇宙科学研究本部）とのかかわりがなく、ISASに知り合いは一人もいなかった。

驚いたことに、わずか四日後に日本から返事があった。

「六月二一日付のファックスを拝受しました。興味深い論文をお送りくださり感謝します。MUSES－A（「ひてん」のこと）に重力キャプチャーが考えられるというのは、驚くべき結果です。こちらで再検証し、結果を数日以内にお送りします」

数日後、新しい軌道をたしかに再現できたと日本側が伝えてきた。

その秋、私はJPLを辞め、ポモナ大学に移った。ポモナ大学はJPLに近く、私も日本側とのミーティングに出席して、「ひてん」を月へ送る新しい軌道について話し合いを重ねた。世界各地に設置された電波望遠鏡による、JPLの大規模な「深宇宙ネットワーク（DSN）」が、「ひてん」を追跡することになった。

一九九一年四月二四日、「ひてん」のエンジンが点火された。新しい軌道で月へ向かうのだ。飛行計画では、その年の一〇月初めに月に到達することになっていた。

一九九一年六月にポモナ大学との契約期限が切れたとき、私はミネソタ州セントポールに移ることにした。九月の末にパサデナを発ち、車でセントポールへ向かった。この大陸横断ドライブ中の一〇月二日に「ひてん」が無事に月に到達したことを、私は後から聞くことになった。図24は「ひてん」の写真だ。

いいニュースはまだあった。新しい軌道によって燃料が節約できたので、当初の計画を変更し、月に到達した「ひてん」は、低速で月を通り過ぎることになった。重力キャプチャーを一時的なものにとどめて月周回軌道には入らず、数カ月間地球ー月系を航行して、より多くの実験を行うよう、ミッションが拡大されたのだった。

この拡大ミッションの目的は、地球ー月系のラグランジュ点のうち、トロヤ点と呼ばれるL4、L5（八四ページ図16）付近に「ひてん」を航行させ、宇宙塵（宇宙空間に分布する微粒子）の観測を試みることだった。L4、L5は「安定した」点だ。この付近をゆっくり移動す

図 24★「ひてん」（宇宙科学研究本部）写真提供：惑星協会

る粒子は地球と月の引力にとらえられ、長期間、場合によっては数十億年単位で、そこにとどまることになる。このため、ここで観測される物質は非常に古く、初期の太陽系に関する重要な情報を含んでいる可能性がある。

「ひてん」はこれらのラグランジュ点を無事に通過し、一九九二年二月に再び月に到達した。L4、L5で宇宙塵を観測することはできなかったが、これはもともとそうした目的のために設計されていなかったためもあるだろう。そして「ひてん」は、ほとんど燃料を使わずに月周回軌道に入った。ほぼWSB上にいたのだ。「ひてん」はその後、一年以上、月周回軌道を回りつづけた。ミッション終了にあたり、別の実験の一部として「ひてん」を月面に衝突させることが決定された。月面にはアポロの宇宙飛行士が設置した地震計がある。その地震計が「ひてん」衝突の衝撃を感知すれば、月の構造に関する情報につながるはずだ。一九九三年四月一〇日、「ひてん」は月面に衝突し、その驚くべき宇宙の物語を終えた☆。

不信感、「政治的」反応、ほろ苦い成功

しかし、「ひてん」の劇的な救出までの道のりは平坦ではなかった。私の同僚の多くは、

☆　「ひてん」の月面衝突による振動は、地震計には記録されなかった。おそらく、衝撃に十分な強さがなかったためと思われる。

カオス理論や力学系の方法論を使って、新しい省エネルギー・ルートを発見するという考えを受け付けなかった。

最初にこのことに気づいたのは、一九八六年、LGASのミッションで月への省エネルギー軌道を見つけたときだった。重力キャプチャーは新しい概念であり、LGAS自体も興味深いミッションだったため、JPL内部やメディアで、ある程度の注目を集めた。LGASの重力キャプチャー軌道のことが最初にメディアで報道されたのは、一九八八年、『ロサンゼルス・タイムズ』の第一面の記事の中だった。「探査機群、スペース・ガンによる輸送を模索」。記事が出たときはうれしかったが、JPLにはこの記事をよく思わない人がいた。私の研究のアプローチが従来の方法とあまりにも違ったため、その有効性に不信感を持たれたのだ。

無理もないことだった。重力キャプチャーの有効性がコンピュータの計算結果によってはっきり示されても、技術者の間では受け入れられなかった。いくつか理由がある。

第一に、格段に少ない燃料でキャプチャーを達成するという発想そのものが、当時のミッションの計画策定方法に合っていなかった。キャプチャー・プロセスの持つカオス的性質が、その特異さを際立たせた。「カオス」という言葉には、「予測不能」という響きがあって、「予測可能な軌道によるミッション設計」というイメージから外れてしまうことになった。さらにまずいことに、以前は「弱安定境界（ＷＳＢ）」のかわりに、「ファジー《あいまいな》境界」という用語が使われていた（八〇ページ参照）。この用語には「不確実」という印象があった。また「省エネルギー」というと、よりコンパクトな宇宙機を連想させるが、これも、重厚長大で高価な宇宙機の設計という当時の方針に反していた。

第二に、私が使った方法は、技術者たちにとってなじみが薄かった。キャプチャー力学の複雑さのために、私のしていることを表す公式は簡単には出せない。私の方法は本質的に数学的性質のものであり、下敷きにしていた理論は当時まだ理解が不十分で、満足のいく説明には至らなかった。このため、科学というより、むしろ手品のように受け止められた。「黒魔術」と呼んだ技術者さえいたほどだ。

第三に、月まで約二年もかかるというＬＧＡＳの航行時間は、ホーマン軌道に慣れている多くの人にとっては、どうにもばかげたものと映った。

こうした問題が障壁になって、重力キャプチャーや、それに関連する興味深いカオス的動きを応用するという可能性が、きちんと評価されなかったのだ。

それから数年間、私は、月までの重力キャプチャー軌道の航行時間を大幅に短縮できることを示そうと奮闘したが、ＪＰＬでは、ほとんど孤立無援だった。また、バルセロナ出身の同僚ジャウメ・リブレの協力を得て、「ガリレオ」に使えた可能性のある、木星への重力キャプチャー型軌道の開発を試みたが、それも成功には至らなかった。上司は私の研究への信頼を失っていった。

私自身は月までの航行時間は短くできると確信していたが、ＪＰＬはそうではなかった。この見解の相違のため、私は一九九〇年になってまもなく、秋からポモナ大学の客員教員となることを決めた。ポモナでも研究を続けられたからだ。

そして、ＪＰＬを去ってポモナ大学へ移る決意をした直後、私は思いがけずミラーと出会い、「ひてん」を月へ送り込む方法を見つけるよう頼まれたというわけだ。

このチャンスは、私の理論の有効性を実証する方法をもたらしてくれた。わずか数カ月前、私の研究が何の値打ちもないとみなされて、仕事から外されたことを思えば、ほんとうに幸運だった。私の研究は日の目を見る運命を持っていたのかもしれない。

ＬＧＡＳを取り上げた『ロサンゼルス・タイムズ』記事の掲載から二年余り、一九九〇年七月に、今度は科学面に特集記事が掲載され、「ひてん」を月へ送り込む方法があることを伝えた。

「ＪＰＬの支援で、日本の月ミッション、再び軌道に」

ミラーと私はこれを見て気をよくした。上司から使い物にならないと見られていた研究が、わずか数カ月で新しいタイプの月への軌道を導き出し、実際に使われることになったのだ。これで、自分はやはり間違っていなかったのだと思えた。


だが、その記事にまゆをひそめた人は大勢いた。

記事が掲載された日、私は車でパサデナを走りながら、ＷＡＢＣラジオを聴いていた。ラジオをつけたのはまったくの偶然だった。スイッチを入れると、『ロサンゼルス・タイムズ』の記事について、ＤＪがリスナーからの電話を受けているところだった。電話をかけてきた人たちは、まったく喜ぶどころではなかった。話を聞いたのは二人だったが、彼らはミラーや私やＪＰＬを批判していた。「アメリカの技術的ノウハウを日本に渡してしまった」というのだ。二人とも自動車産業を引き合いに出して、日本がアメリカのテクノロジーをいかに自分たちに有利になるように利用したかを説明した。楽しく聞かせてもらったが、彼らの気持ちもわからないではない。

それだけではない。日本側も記事を快く思わなかった。自分たちのミッションがアメリカ人の手で救い出されたということをあまり表に出したくなかったのだ。日本では、これはデリケートな問題だった。日本は自前で宇宙開発構想を推進しているはずだった。日本側としては、「はごろも」は月周回軌道への投入に成功したことにし、「ひてん」の月周回軌道投入は「はごろも」の動向とは無関係、ということにしたかった。もちろん「はごろも」についての説明は成り立たない。「はごろも」は月到達の前に通信が完全に途絶えてしまったし、当時、月付近でこのような小さな物体は観測できなかったからだ。「ひてん」についても、これがもともとはあくまでも地球周回軌道上で「はごろも」からの通信を中継する役割だったという事実は、広く報道されていた。

ＪＰＬ首脳部にしても、新しいタイプの軌道による月ミッション救出に、私の理論が活用されたことを歓迎するはずもなかった。私の研究はＪＰＬでは実用にならないとみなされて、私が職場を去る理由になったのだから。

こうした周囲の反応のため、成功を喜ぶ気持ちも多少はしぼんでしまったものの、このような「政治的」な成り行きは、ある程度は予想がつくものだった。物事に対する根本的に新しいアプローチがいきなり現れたとき、確立された枠組みに何が起こるかをはっきりと示している。

だが、新発見について例外なくいえるのは、時とともに世の中はそれに適応していくということだ。特に、発見の有用性が明らかになった場合には。

10

SIGNIFICANCE OF HITEN

「ひてん」の意義

「ひてん」の新しいミッションのために設計した軌道は、月までの軌道設計の転換点、ひいては、軌道設計一般の転換点になった。軌道設計の歴史を簡単に振り返って、「ひてん」の持つ意義をとらえておこう。

不安定軌道を利用する

一九六〇年代、月やその他の目的地へのミッションは、ホーマン軌道にもとづいて軌道設計されていた。これはすでに見たように、地球と宇宙機、あるいは月と宇宙機という「二体問題」にもとづくものだった。その結果、設計された月への軌道は、非常に細長い楕円

図25★地球から月へのホーマン軌道

の半分で、ほとんど直線に近かった（図25）。

ホーマン軌道からの脱却は、六〇年代末、アポロ計画の月到達とともに始まった。新たな軌道は「自由帰還軌道」という。行きは、ホーマン軌道に似ている。だが月に到達したとき、ホーマン軌道では減速しなければ月を通り過ぎるが、自由帰還軌道は違う。図26が示すように、月の周りでループを描き、地球にもどってくる。「8の字」軌道ともいう。アポロでこの軌道が使われたのは、安全のためだった。これなら、もしアポロ一三号のように、月到達前に何らかの危機的な異常事態のために宇宙飛行士がミッションを中止しなければならなくなっても、自動的に地球にもどれるのだ。

この軌道を見つけるには、ホーマン軌道のように二つの二体問題に分けて考えるのではなく、地球、月、

☆　三体問題は数学では有名な問題で、その起源は18世紀にさかのぼる。以来、オイラー、ラグランジュ、ポアンカレ、コルモゴロフ、モザーといった多くの数学者が、この問題に取り組んできた。今日でも、完全な理解には至っていない。

図 26 ★地球から月への自由帰還（「8 の字」）軌道

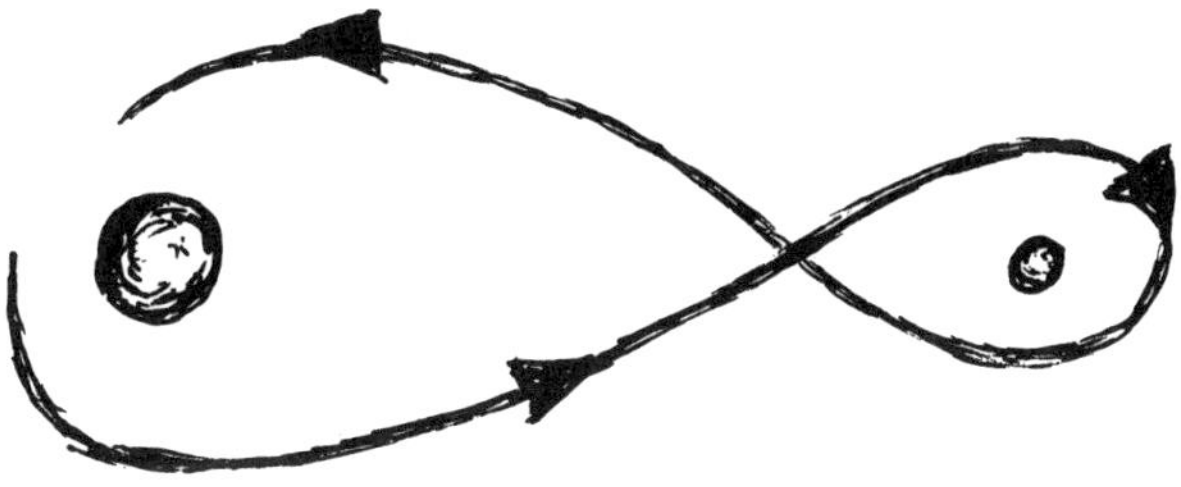

宇宙機の「三体問題」としてモデル化を行う必要がある。つまり、宇宙機はつねに、地球と月の「両方からの」重力を受けていると考えるのだ。ホーマン軌道に比べて複雑だが、黙っていても地球に帰ってくることができる。三体問題は、二体問題のように明確な公式を使って解くことはできない☆。三体問題のモデル化と正しい軌道の発見には、コンピュータが頼りだ。

　ホーマン軌道と「8の字」軌道には共通点が一つある。どちらも、わずかな変更では軌道全体はあまり変化せず、同じように見えるのだ。軌道の小さな変更が小さな変化しか引き起こさない場合、軌道は「安定している」という。したがって、ホーマン軌道も「8の字」軌道も、安定した軌道ということになるが、先に見たように大きな違いが一つある。ホーマン軌道には軌道決定の明確な公式が見つけられるのに対して、

「8の字」軌道には見つけられないということだ。こういう場合、ホーマン軌道は「可解である」と言い、8の字軌道は「非可解である」という。

おもしろいのは、不安定軌道を使う場合だ。軌道へのわずかな変更が、宇宙機の軌道を突然まったく違ったものに変え、宇宙機をまったく別の方向へと向かわせるのだ。不安定軌道はつねに「非可解」となり、最低でも三体問題としてモデル化することが必要だ。

不安定軌道を利用した最初のミッションはISEE－3（International Sun Earth Explorer：国際太陽地球探査機）だった。これは、一九七八年に打ち上げられたNASAの衛星で、地球から一五〇〇万キロメートル離れた、太陽－地球系のラグランジュ点の一つ、L2へ航行した最初の宇宙機だ。ISEE－3は、NASAの技術者ロバート・ファーカーの設計にもとづいたハロー軌道と呼ばれる不安定軌道によって、L2を回ってもどってきた。これはまた、彗星に送られた最初の衛星でもある。

一九八五年、L2を回るハロー軌道から、ジャコビニ・ツィナー彗星に送られた。ハロー軌道を離れたISEE－3（一九八三年にICE（International Cometary Explorer：国際彗星探査機）と改名）は、そこから一六〇万キロメートル離れた月まで航行、二度の月スイングバイ（月面まで

図27★s点からのISEE-3の軌道（部分）

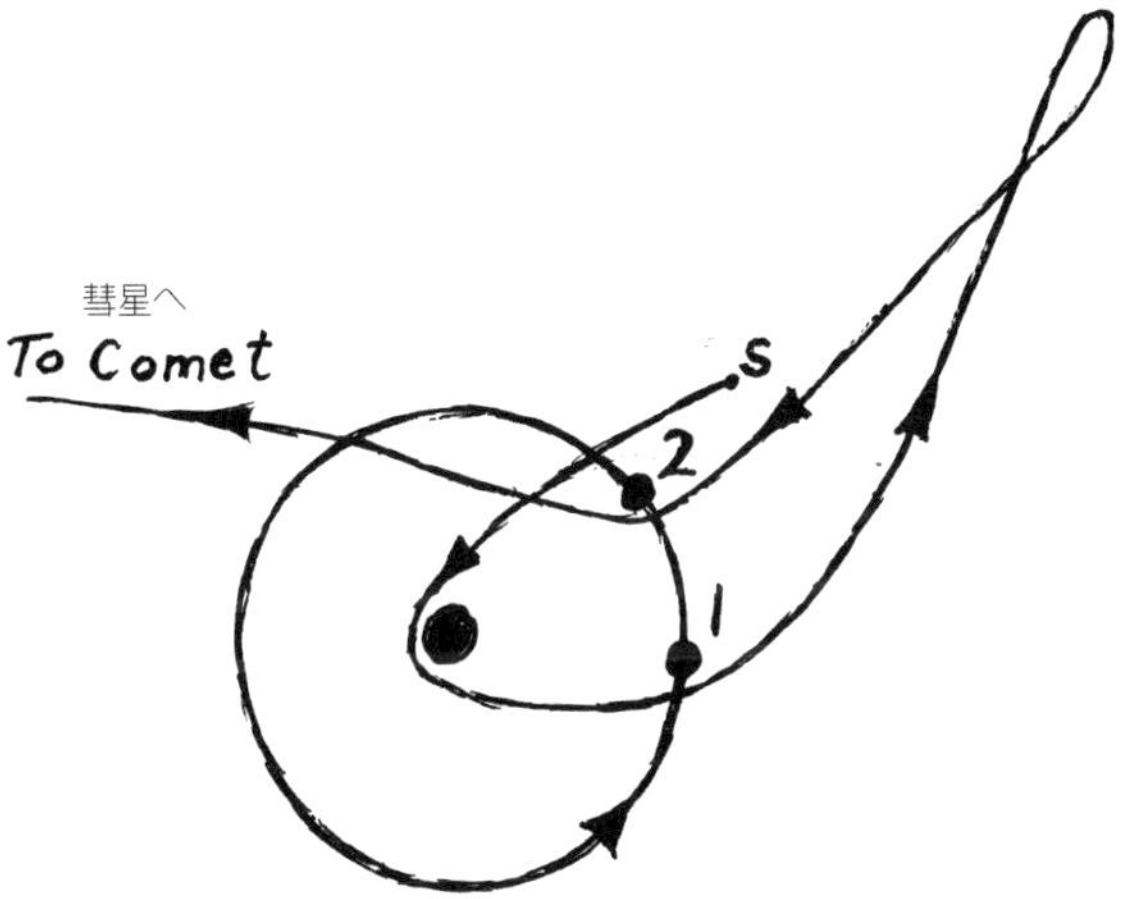

わずか数キロメートルから十数キロメートルという距離まで接近した）による重力アシストで加速し、地球を離れて彗星まで到達したのだ。

図27がその軌道である。数字の1、2は二回の月スイングバイを表す。ISEE-3ミッションの軌道は複雑なため、その全体を示すことはできない。

一九七九年、ISEE-3のミッションは大学院にいた私の関心をひいた。私はISEE-3の離れわざに魅了された。私の指導教官ユルゲン・モザーも同じだった。このような複雑な動きは、ホーマン軌道を使ってはできなかっただろう。

ISEE-3以来、太陽-地球系のラグランジュ点L1、L2をハロー軌道で回る衛星は、いくつも出てきた。WMAP（Wilkinson Microwave Anisotropy Probe：ウィルキンソンマイクロ波異方性探査機）〔二〇〇一年NASAが打ち上げ。ビッグバンの名残の宇宙マイクロ波背景放射を観測、宇宙の年齢を一三七億年と示した〕、ACE（Advanced Composition Explorer：先進組成探査機）〔一九九七年NASAが打ち上げ。太陽風プラズマの観測〕、SOHO（Solar and Heliospheric Observatory：太陽・太陽圏観測衛星）〔一九九五年欧州宇宙機関とNASAが打ち上げ。太陽内部構造、太陽大気などの観測〕、そして「ジェネシス」〔二〇〇一年NASAが打ち上げ。太陽風を観測し、二〇〇四年帰還〕などだ。

宇宙飛行の新たな形

一九八六年から九〇年にかけての月への重力キャプチャー軌道の開発、そしていっそうの重要性を持つ一九九一年の「ひてん」による実証、これも不安定軌道の利用を示すものだった。だが、ISEE－3などによるそれまでの不安定軌道の利用とは違っていたことがある。WSB軌道は、宇宙機の動きが持つ不安定なカオス的性質を利用し、カオスの原則にしたがって設計されたものだということだ。目的は、必要な燃料（「ひてん」では月周回軌道への投入に必要な燃料）の大幅な削減だった。

こうして「ひてん」は、省エネルギー航法（第八章で定義した）の初の実例となった。「ひてん」の軌道を、便宜的に「外ＷＳＢ軌道」と呼ぶことにする。月の軌道の外側を航行するからだ。これに対して、月の軌道の内側にとどまるＬＧＡＳの軌道は「内ＷＳＢ軌道」とする。

「ひてん」の使った外ＷＳＢ軌道は、ホーマン軌道よりはるかに燃料節約型の、根本的に新しいタイプの軌道を代表するものだ。こうした軌道では、キャプチャー・プロセスはホーマン軌道とは違った形で、緩やかに進行する。この漸進的キャプチャーは、月にもっとも接近する二週間ほど前から生じている。つまり、ホーマン軌道のときよりも小型のエンジンを使い、月周回軌道にそっと入ることができるということだ。これは、宇宙機を大幅に軽量化できることを意味する。ホーマン軌道では、わずか数分の時間枠内ですばやく減速するため、大型のエンジンが必要だ。さもなければ宇宙機は行方不明になってしまう。

また、外ＷＳＢ軌道では、月周回軌道へ運ぶペイロードを、ホーマン軌道の場合の実に二倍にもできるということがわかった。衛星を月周回低軌道（高度一〇〇キロメートル）に投入するために必要なマヌーバが、二五％減るからだ。これはホーマン軌道よりも燃料がかなり少なくて済むということであり、より小型のエンジンを搭載することを加味すると、衛星全体の質量を半分にできることを意味する。あるいは質量が浮いた分、ペイロードを倍にすることもできる。月周回軌道に物を運ぶには一キログラムあたり五五万ドル〔約五五〇〇万円〕かかることを考えれば、これは将来の月のミッション、特に月面基地の建設に非常に役立つことが期待できる。

「ひてん」の他にも、WSB軌道を使った衛星がある。二〇〇四年末、ヨーロッパの衛星SMART1が、内WSB軌道を使って月に到達した。LGASの軌道設計にヒントを得た軌道だった。日本のISAS（JAXA宇宙科学研究本部）はLUNAR-Aという月探査ミッションを計画中で、これも外WSB軌道を使う。このミッションでは、月に無人探査機を送り込む計画だ。月周回軌道から月面に、ペネトレータ〔槍状の観測装置〕を打ち込んで、月の内部構造を分析する予定になっている〔LUNAR-Aは当初一九九五年の打ち上げが予定されていたが計画は遅れ、二〇〇七年一月に中止が決定した。なお現在、同年に打ち上げられた「かぐや」の月探査（セレーネ計画）が行われている〕。

ハロー軌道周辺の不安定なカオス的運動を利用して、こうした軌道上の衛星の動きを維持するのに必要な燃料を大幅に減らすこともできる。一九八五年にスペインの数学者カルレス・シモとジャウメ・リブレがこの方法を開発した。その後、カリフォルニア工科大学のジェロルド・マースデンが、シェイン・ロスや、ワン・クーン、JPLのマーティン・ロー、パーデュー大学のキャスリーン・ハウエルとともにこの方法をさらに発展させた。この軌道は、二〇〇一年、NASAの太陽風観測機「ジェネシス」が実証した。

マースデンらは外WSB軌道を研究して特別な道筋を探り出していき、この軌道の力学について理解を深めた。チューブのようにも見えるこうした道筋は、「惑星間スーパー・ハイウェイ」と呼ばれるものを構成する。

この他にも重力キャプチャーは、多くの研究者によってさまざまな観点から研究されてきた。たとえば、M・ベロ＝モラ、F・グラツィアーニ、P・テオフィラット、C・チルチ、M・ヘクラー、山川宏（京都大学）、川口淳一郎（JAXA）の各氏がいる。

カオス的性質を持つ不安定な動きを利用して省エネルギー航法を見つける例を、もう少し見ることにしよう。

11

技術の売り込みとクリスマス・プレゼント

SALVAGE OF HGS-1, AND A CHRISTMAS PRESENT

特許をとって会社をつくる

一九九六年初め、私はコネティカット州ウェストポートで、友人のハワード・マークスと話をしていた。話題は、月への新しい軌道も含め、応用に向けて研究してきた軌道のことだった。話は、宇宙飛行への応用だけでなく、天文学への応用にも及んだ。マークスはニューヨークでは名の知れた実業家で、特許に詳しい。

「ひてん」に使われた月への軌道の特許取得について考えたことがあるか、とマークスは私に聞いた。あることはあるが、無理だと思った、と私は言った。第一に、その軌道を発見したとき私はＪＰＬにいて、私の業績はすべてＪＰＬに帰属したからだ。第二に、その軌道を発表したのは一九九〇年だったが、特許の規定では、発表から一年以内に特許申請をしなければならないとされている。一九九六年のその時点では、すでにそうした軌道について多くの出版物が発表されており、期限はとっくに過ぎていた。

だが驚いたことに、アルゴリズム特許という種類の特許なら、取得できるかもしれないとマークスは言った。この特許は、再現可能なアルゴリズムに対して適用できるもので、コンピュータによるアルゴリズムも対象となっていた。

アルゴリズムというのは、特定の結果を導き出す明確なステップに分解することができる、明確な過程（プロシージャ）のことだ。自己充足的で、単独証明が可能な場合、それは再現可能なアルゴリズムとされる。コンピュータによるアルゴリズムの記述には、固有のコンピュータ言語が使われる。

マークスが特許申請できるかもしれないという感触を持ったのは、「ひてん」のための外WSB軌道計算が、逆方向アルゴリズムによるものだったからだ。これは、第九章で述べた、「ひてん」の軌道決定に使った時間遡及法のことで、アルゴリズムを構成するコンピュータ・コマンドに分解することができる。この年、一九九六年の初めに、私は完全に時間の流れに沿って外WSBを決定する、新タイプのアルゴリズムを開発したところで、マークスはそのことを知っていた。これは、地球付近の任意の点からスタートして月付近の望みの地点までの全行程を計算できる。私たちはこれを順時間法、あるいは順方向アルゴリズムと呼んでいる。

マークスは、この順方向アルゴリズムについて特許を申請できるはずだと考えた。マークスには、ワシントンDCにアイラ・ドナーという実力派として知られた特許弁護士の知り合いがいた。ドナーなら、特許申請が可能かどうか間違いなくわかる。ドナーは特許法の仕事を始めたばかりだったが、すでにこの分野で権威ある本を出版していた。一九九七年一月、私はドナーと話し、彼は少し調査した後で、順方向アルゴリズムの枠内なら、月への軌道についての特許申請は十分可能、と結論づけた。数カ月後、関連するアイディアにもとづく他のいくつかのものと合わせ、アルゴリズムの特許申請が行われた。

一九九七年五月、マークスとワシントンDCの有名法律事務所アーノルド・アンド・ポーターの助言のもとで、私はIOD（Innovative Orbital Design, Inc.）という会社を設立した。取得した特許にかかわる技術を市場に売り出すためだ。月への軌道に対する最初の特許は二〇〇三年に認められた。月への軌道に特許が認められた初のケースだった。二〇〇六年半ばの時点で、米国内および国際的に認められた特許は一四件、その他にも申請中のものがいくつかある。こうした特許は一般化された形をとり、宇宙での多くの経路に広く応用が利く。以下で述べるのはその一例だ。

投資家たちに技術を売り込む

ＩＯＤ社設立後の一九九七年五月、私はニューヨークに出向き、マークスの紹介で著名な投資家たちとの顔合わせを行った。私の会社に興味を持ってもらうためだ。投資家たちが特に興味を示したのは、月を使って地球周回衛星の軌道傾斜角を変更する方法に関する特許だった。

仕組みは次のようになっている。地球周回軌道上に衛星があって、その軌道傾斜角を変更したいとしよう。軌道傾斜角とは、衛星の軌道面と地球の赤道面との角度を指す。衛星が軌道傾斜角を変更するときは、ロケットを噴射する。これには多くの燃料が必要となり、もしロケットの燃料が少なければできないこともある。だが、一定の制約の範囲内なら、少ない燃料で軌道傾斜角を間接的に変える方法がある。

まずロケットを噴射して、衛星に地球周回軌道を離れさせ、内ＷＳＢ軌道か外ＷＳＢ軌道で月のＷＳＢ（弱安定境界）へ向かわせる。ＷＳＢは、衛星の動きがきわめて敏感になる場所だ。したがって、わずかな燃料でほんの一瞬ロケットエンジンを噴射させるだけで、衛星の動きを大きく変更できる。こうしておいて、逆向きの移動によって地球に引き返し、まったく違う軌道傾斜角で地球の周回軌道に到着させる。地球周回軌道を離れるとき、月のWSBで小さな変更を加えるとき、そして異なる傾斜角で地球周回軌道にもう一度捕捉されるとき、この三回に必要な燃料は、相対的に少なくて済む。通常の方法を使って地球周回軌道上で傾斜角を変更する場合よりも減らすことができるのだ。この手法を使うには、外WSB軌道がもっとも適している。外WSB軌道はもっとも柔軟性を備えているからだ。

航空宇宙産業の企業各社に軌道傾斜角変更の新手法を売り込むことに、意味があるか。ニューヨークの投資家の関心はその点にあった。売り込み先としてもっとも有望に思われたのは、携帯電話やテレビ用の通信衛星といった、商業用の地球周回衛星を持つ会社だった。投資家たちは売り込みの成功を危ぶんでいた。新手法は一風変わっていて、リスクがありそうに思えたからだ。それでも、顧客に対してそれなりのコスト削減効果を示すことができれば、特許技術として取引できるだろうという見通しを持っていた。有力投資家の一人、ニューヨークのセンテニアル・インターナショナルのヘンリー・シャカルは、この技術に関心を集めようと私たちとともに尽力してくれた。だが、一九九七年も終わりに近づくころには、彼もやはりリスクが大きすぎるのかもしれないと感じはじめていた。私はあきらめかけていた。

ところが、この状況を一変させることが起こった。一九九七年のクリスマスの日、カザフスタンのバイコヌール宇宙センターから一機のプロトン・ロケット〔旧ソ連で開発されたロケット〕が打ち上げられた。ロケットは、インドのテレビ放送に使われる予定の大型通信衛星AsiaSat3を積んでいた。だが、ロケットの上段に不具合があって、十分な燃焼を行わないままエンジンが停止してしまった。予定では一一〇秒燃焼するはずが、たった一秒で停止したのだった。このため衛星は、予定していた赤道上の静止円軌道〔軌道傾斜角〇度〕でインド上空の定点に置かれる代わりに、五二度という大きく傾いた軌道面をもち、非常に長い楕円を描く、およそ望ましくない軌道に入ってしまった。約二億五〇〇〇万ドル〔約二五〇億円〕をかけた、機能的にはまったく正常な衛星が、予定していた運用可能な軌道に乗れないという事態が発生したのだ。

月を利用してAsiaSat3の軌道傾斜角を変更できる可能性がある、とシャカルが気づかせてくれたのは、一週間ほど経ったときだった。彼も、セガ・インベスターズのスティーブン・ゲレスに言われて気がついたという。すぐに計算してみると、衛星の特徴からして、通常の方法で軌道傾斜角〇度の円軌道にもどすには、燃料の余裕がないことがわかった。だが、外WSB軌道で月へ行き、もう一度地球にもどって予定の静止軌道に乗るには十分だった。私は、カリフォルニアにいる同業のレックス・ライドノアに連絡をとった。当時ライドノアはマイクロコスム社にいたが、AsiaSat3を製造したヒューズ社で以前働いていたため、AsiaSat3の設計をすみずみまで知っていた。私の計算を検証した彼は、ヒューズ社に連絡を取り、月を利用した方法でAsiaSat3を正しい軌道にもどすというIODの仕事をサポートする気があるかを探った。IODがスタートを切るにはまたとない機会になるはずだった。

ヒューズ社はすぐに関心を示し、軌道投入失敗後の衛星を抱えて困っていた保険会社からAsiaSat3を買い取った。一九九八年三月、私はヒューズ社の軌道設計の専門家セサル・オカンポと話をした。ヒューズ社とIODが口頭で合意した協力協定にしたがって、オカンポと私は一緒に働くことになっていた。それからまもなくヒューズ社は、原案に変更を加えた月への軌道を使用したが、これはホーマン軌道寄りになってはいたものの、それでもWSBのいろいろな側面を利用していた。ヒューズ社は、HGS-1と名を変えた衛星を、予定の静止円軌道に近づけることに成功した。これは、この種の軌道傾斜角の変更が行われた初のケースだった。

ところが、ヒューズ社はＩＯＤとの協力協定を守らなかった。もともとの発想をどこから得たかを公式に認めなかったのだ。ヒューズ社ほどの大企業がこのようなふるまいをするのは非常に残念なことだった。だが幸い、一九九八年、ヒューズ社の技術エキスパートの中心だった二人、セサル・オカンポとジェレミア・サルバトーレは、私とレックス・ライドノアとともに、この業績によって、広く知られた、『アビエイションウィーク・アンド・スペーステクノロジー』誌の「航空宇宙探査」賞を受賞した。

12

新たな宇宙計画とその可能性

OTHER SPACE MISSIONS AND LOW ENERGY TRANSFERS

生まれ変わったLGAS－SMART1

ジェット推進研究所（ＪＰＬ）でのＬＧＡＳミッションの研究は非常に有意義で、宇宙機や軌道設計の数々のイノベーションにつながった。宇宙機は革新的なモジュラー設計（個々の機能ごとに分割設計して組み合わせる方法）で製造され、そのコンポーネント（部品）は小型化された。ただ、ＬＧＡＳミッションを現実のプロジェクトとして実現させるようＮＡＳＡを動かすには至らなかった。一番大きな理由は、地球から月まで約一年半もかかるという航行時間の長さだ。典型的な反応はこうだった。「月にはもう何度も行っている。それも数日で。どうしてわざわざ二年近くもかけて行く必要があるのか？」

だが、一九九〇年代初め、欧州宇宙機関（ＥＳＡ）が関心を示すようになった。私は省エネルギー航法についての顧問として、イタリアのトリノの航空宇宙産業大手アレニア・スパツィオ社と協議し、また、ドイツのダルムシュタットに本部をおくＥＳＡとも協議した。彼らは、「ひてん」が使った外ＷＳＢ軌道や、ＬＧＡＳの内ＷＳＢ軌道の潜在的な重要性を知った。これが、ＳＭＡＲＴ（Small Missions for Advanced Research in Technology：技術先進研究小規模ミッション）と呼ばれる月探査ミッションをほぼＬＧＡＳの設計モデルにもとづいて行うという専門的判断につながった。ＳＡＭＲＴ１はＥＳＡにとって最初の月ミッションで、主目的は技術の実証にあった。ＬＧＡＳと同じく、新しい小型化技術をテストし、また太陽発電によるキセノンイオンの推力を使う。ＥＳＡは今後のミッションに、イオンエンジンの使用を考えていた。

ＳＭＡＲＴ１の質量は約三〇〇キログラムで、約二〇〇キログラムだったＬＧＡＳに近い。科学調査の内容はＬＧＡＳと同じく、リモートセンサーによって、月の南極圏の永久に陰になっている地帯のクレーターで、水の痕跡を探すことだった。ＬＧＡＳと同様に、ＳＭＡＲＴ１も低コスト設計で、もっと大規模で野心的な惑星探査ミッション設計のための基礎固めをめざしていた。軌道設計もＬＧＡＳに近い。小型のイオンエンジンを使って

図28★SMART 1

地球周回低軌道から離れ、らせんを描いて徐々に地球から遠ざかり、月のWSBで重力キャプチャーによって捕捉される。その後、予定の月周回軌道までらせん状に降下。約一年半の行程だ。

二〇〇三年九月二七日、仏領ギアナのクールーからのアリアン・ロケット〔ESAが開発したロケット〕による打ち上げが成功。二〇〇四年一一月一一日、月のWSBで月軌道に無事捕捉され、二〇〇六年九月三日、月に衝突させてミッションは完了した。図28はSMART1だ。

SMART1の成功は、私にとって満足のいく結果だった。LGASの研究を実証することになったからだ。一九八六年に

ＬＧＡＳで研究したことは、結果的に私のＪＰＬ辞職につながったが、ＳＭＡＲＴ１の月到着の成功は、航行時間の長さにもかかわらず、その研究が宇宙飛行の計画を立てる際に一考に値するものであることを示したのだ。

エウロパ・オービターと「プロメテウス」構想

一九九六年の終わりごろまで、私は重力キャプチャーという概念を月以外のミッションに応用することは考えていなかった。月へ行くだけでも非常な難問であるため、他の惑星での重力キャプチャーという問題は、あまりにもむずかしく、時間を取りすぎると思っていた。だが、一九九七年二月に開かれた宇宙航行力学学会の定例会で、うれしい驚きがあった。

会議に先立つこと数カ月、木星を周回していた探査機「ガリレオ」は重要な発見をしていた。中でも意義が大きかったのは、ガリレオ衛星（一六一〇年にガリレオ・ガリレイが発見した、木星の四つの衛星の総称）の一つエウロパで、地表のすぐ下、深くてもおそらく十数キロメートル程度のところに、海の存在が示唆されたことだった。実は、エウロパの地表は氷に覆われ、地球の北極付近にあるような亀裂や地形が見られるのだ。

海の存在が意味するものの大きさは計り知れない。エウロパ内部の熱によって、地下の海は温かい可能性があり、また木星付近の強力な放射線から保護されている。つまり、地下で生命が形作られ、進化できたかもしれないのだ。地球の深海でも、溶岩や有毒ガスの噴き出す海底火山の噴出孔の近くという厳しい環境で、水圧もきわめて高い中、特殊な生命体が進化を遂げてきた。この事実を考えると、エウロパの地下で生命が形作られたという考えは、あながち無理なものではないように思われる。

謎解きの興味をかきたてるこの問題によって、当然、エウロパの氷の下の様子についてのいっそう詳しい調査が求められるようになった。そのためにはエウロパに探査機を送って、直接計測し、高解像度カメラで入念に地表を観察し、さらに着陸して氷そのものを掘削してみる必要があるだろう。NASAは、小型の潜水艦でエウロパの地下を探るというミッションの構想を打ち出した。

エウロパ探査に関心があった私は、JPLが提案したエウロパ・オービターの話を聞くのを心待ちにしていた。その名もまさに「エウロパ・オービター・ミッション（EOM）」というこのミッションは、JPLの数学者で技術者でもあるテッド・スウィーツァーによるものだ。提案では、科学衛星エウロパ・オービターは、「ガリレオ」と同じタイプの

図29★地球を離れて、金星スイングバイ、2回の地球スイングバイによって十分な速度を獲得し、木星へ向かうエウロパ・オービターの軌道

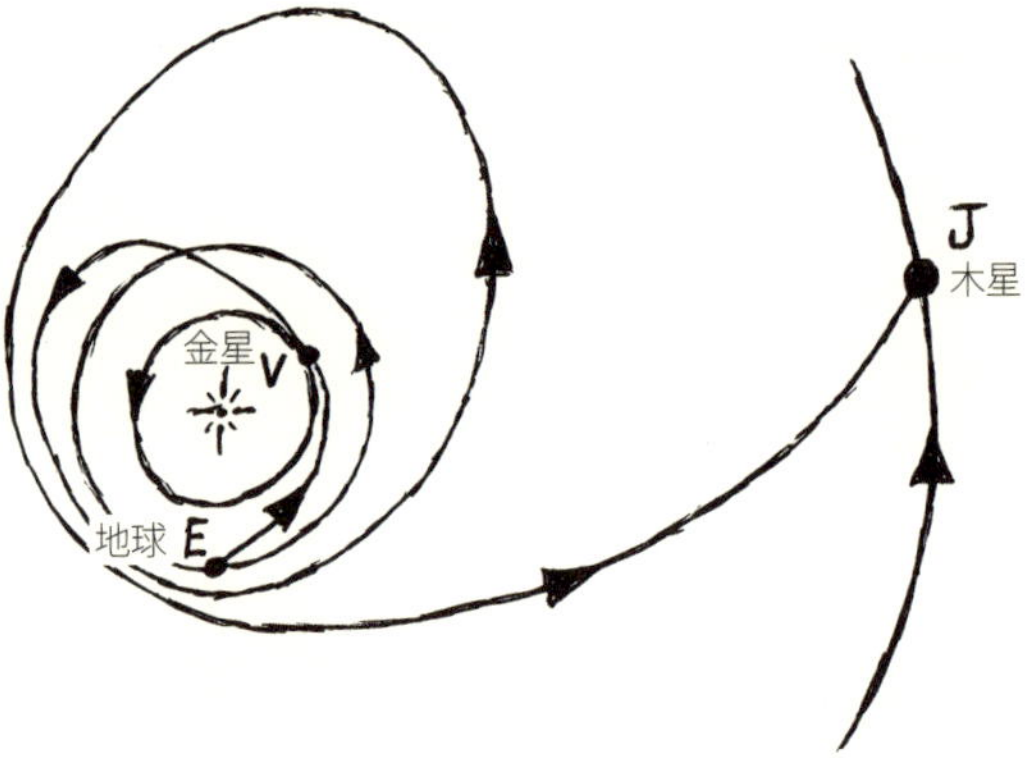

軌道で木星に送られるという。

エウロパ・オービターはスペースシャトルのペイロードとして宇宙に運ばれ、セントールと呼ばれる上段ロケットに取り付けられたシャトルから放出される。この上段ロケットは、エウロパ・オービターに推力を与えて木星へ向かう航路に乗せる役割を担う。

エウロパ・オービターは直接木星には向かわず、まず金星と地球でスイングバイを行って、木星に達するのに必要な速度を得る（図29）。セントールの能力が限られているため、こうした経路が必要だ。セントールが与えるのは、エウロパ・オービターが地球の重力場を離れて太陽に向かい、金星を通過するのに十分な速度だけである。

図30★木星の引力に捕捉されるエウロパ・オービターの軌道

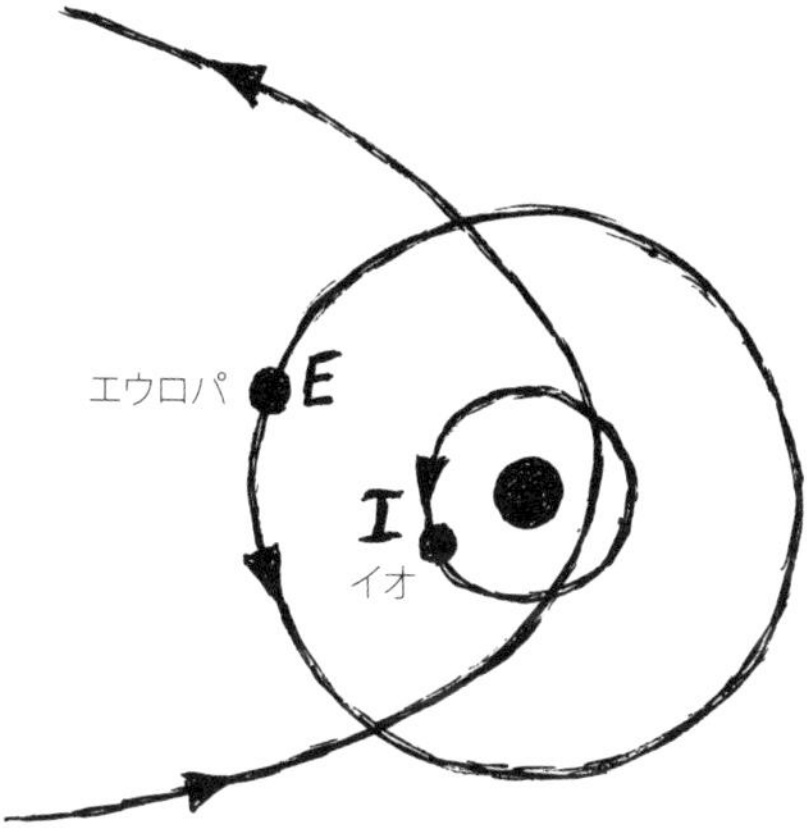

金星の重力が、エウロパ・オービターを外へ向かって地球の近くへと投げ返すため、エウロパ・オービターは加速する。これで地球から少し遠ざかるが、木星までの道のりからいえば、ほんのわずかだ。弧を描いて地球にもどってきて、再度のスイングバイでさらに加速、木星に行くために十分な速度を得る。

木星に到達したエウロパ・オービターは、ロケットエンジンを噴射し、大きな楕円形の木星周回軌道に捕捉される。これはエウロパの軌道を大きく超える軌道になる〔四つのガリレオ衛星は木星に近いほうから、イオ、エウロパ、ガニメデ、カリストの順に並んでおり、エウロパは二番目に近い〕。エウロパ・オービターが最初に木星に捕捉されるときの軌道を図30に示す。

この最初の木星周回軌道投入には、かなりの燃料が必要とされる。オービターは、木星に対して秒速六・四キロメートルで航行しているからだ。

木星周回軌道に投入された後、ガリレオ衛星でのスイングバイを何度も行う複雑な軌道をスウィーツァーは披露した。エウロパの軌道にできるかぎり近づけるようエウロパ・オービターを十分減速させるにはそれが必要なのだ。こうしてエウロパ・オービターはエウロパに対して低速で近づいていくことになる。

それは私が見た中で、もっとも興味深く、かつもっとも複雑な軌道設計の一つだった。そのことは発表にもとづいた彼の研究論文のタイトルに現れている。「エウロパ・オービターの軌道設計——山積する天体力学上の難問」[51]

彼の発表の続きは、私の注意をひいた。エウロパ周回軌道による捕捉は、月へのWSB軌道が使うのと同じメカニズムによってなされると彼が説明したからだ。エウロパと木星との間のWSBがまず算出された。その後、ちょうど「ひてん」のときのように、WSBを起点とした時間遡及法を使って、オービターがエウロパのWSBに向かう道筋を見つける。必要な燃料は少ない。これは、月へ向かうために開発された方法論の、エウロパへの鮮やかな応用だった。実際、重力キャプチャー軌道でエウロパに緩やかに捕捉されるので

図31★エウロパ・オービターがWSB上のB点で捕捉されるまでの軌道

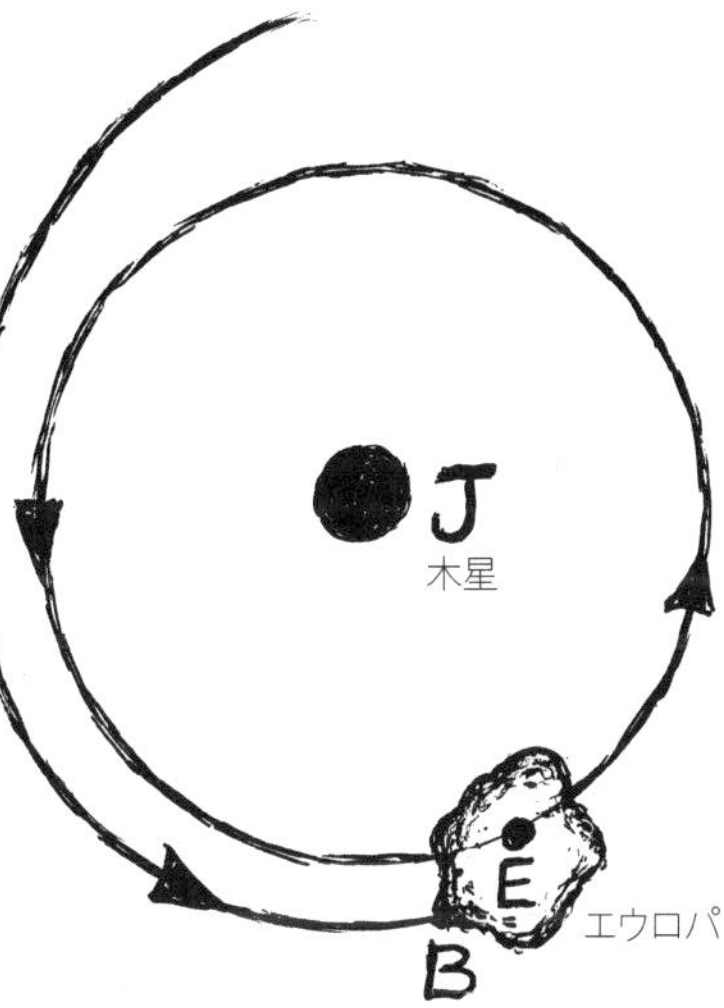

なければ、通常の方法で周回軌道に投入するには大量の燃料が必要だっただろう。このエウロパでのWSB軌道を図31に示す。

このエウロパ・オービター・ミッションは、さらに野心的な構想に発展した。JPLが推進する「プロメテウス」ミッションは、エウロパだけでなく、他のガリレオ衛星の探査も行うものだ。

ただ、コストが高いため、実現の見通しは不確かである。このミッションの探査機は、EOMで考えられていたような通常の化学エンジンではなく、原子力エンジンを搭載する。原子力発電を行って、推力となるホットプラズマの生成に必要な電力を得るのだ。原子力エンジンは通常の化学エンジンよりはるかに大きな推力を生み、ミッションの可能性と対応力を広げる。木星では太陽が遠すぎて太陽光発電では不十分なため、原子力発電を使う必要があるのだ。だが、こうしたエンジンの開発はコストがかさみ、総開発費を一〇億ドル〔約一〇〇〇億円〕以上に引き上げる。「プロメテウス」ミッションが中止になった場合、もう少し規模を縮小したミッションが行われると思われる。それはおそらく、最初の構想どおり、エウロパ周回だけをめざしたものになるのではないだろうか〔原子力エンジン開発の「プロメテウス」構想と連動し、エウロパ、ガニメデ、カリストの探査をめざしていた木星氷衛星周回計画（ＪＩＭＯ）は二〇〇六年に中止が決定〕。

月への搬送システム

二〇〇四年初頭、ブッシュ大統領は自らの「宇宙探査構想（ＳＥＩ）」〔ＳＥＩは父のブッシュ元大統領が一九八九年に打ち出した有人宇宙探査構想だが実現しなかった〕を発表、アメリカは宇宙開発の新たな道に踏み出した。この構想の概要は、まず月を再訪して月面基地を建設し、それから有人火星探査に乗り出すというものだ。大胆な構想ではあるが、計画的に行うのであれば、時間はかかっても実現にこぎつけることができるだろう。

この構想によって、月面基地の建設方法や、有人探査船（CEV）と呼ばれる特別な宇宙船などに関する研究がスタートした。CEVは、人間を月面へ、そしてさらにその先へと運ぶための手段として使われる。こうした研究のうちの一つ、CEVを想定した月への省エネルギー搬送システムを設計する研究に、私も参加した。コンセプトは使われなかったが、システムは説明しておくに値するだろう。

搬送システムは、月面基地と地球周回軌道の間をCEVで行き来するシステムだ。月への行き来にはホーマン軌道が使われる。人間を運ぶことが想定されているので、航行時間が短くなければならないからだ。だがこのシステムで、外WSB軌道の果たす役割は驚くほど重要であることがわかる。

CEVが地球周回軌道を離れて月周回軌道に投入されるには、多くの燃料を必要とする。それをすべてホーマン軌道で運べば、膨大なコストがかかる。しかし、CEVが月周回軌道に入ったときに別の宇宙船から燃料の補給を受けることにすれば、CEVに積み込む燃料は少なくすることができる。CEVに燃料を補給するための別の宇宙船、タンカー船（TC）は、外WSB軌道を使って、最小の燃料で月周回軌道に入ればいい。燃料を運ぶだけなので、月まで九〇日かかることは問題にはならない。月での重力キャプチャーによって、CEVに補給する分と、TC自身が地球にもどる分の燃料を確保できる。このように、外WSB軌道の応用が、月面基地建設に重要な役割を果たすことになる。

月を再訪して基地を建設するには、新しいタイプの宇宙船が必要になる。アメリカのスペースシャトルは、地球周回軌道投入だけを目的に設計されたものなので、現在設計中のCEVが、二〇一〇年にシャトルの後を引き継ぐ予定だ。名前は「オリオン」。

もっとも、「オリオン」は、一般の人々が乗るものとしては運営費がかさむだろう。宇宙へのアクセスは低コストが望ましいが、最近までそんな目標はとても手の届かないものと思われていた。

しかし、私の参加した研究のメンバーの一人に、バート・ルータンがいた。二〇〇四年六月、彼は歴史を作った。彼が建造した宇宙船「スペースシップワン」は、パイロットの操縦により、弾道飛行で宇宙空間に到達した。開発コストは経済的で、国家事業であればかかったはずのコストのほんの一部にとどまった。宇宙開発が開始されて以来、民間人が実際に宇宙空間に到達する宇宙船を建造したのは初めてだった〔スペースシップワンは、スケールド・コンポジッツ社が開発。高度一〇〇キロメートルに到達した。同社の技術供与を受けたヴァージン・ギャラクティック

図 32 ★月面基地

社が宇宙旅行ビジネスを計画している」。この偉業のおかげで、一般人の宇宙へのアクセスに道が開かれることだろう。いつの日か、マクドナルドのぴかぴかの黄色のMを月で見る日がやってくるかもしれない。

13

ジャンプする彗星——地球との衝突

HOPPING COMETS AND EARTH COLLISION

一九八七年、私は、月のWSBで重力キャプチャーを受ける小さな物体の動きについて、コンピュータ・シミュレーションを行っていた。

重力キャプチャーは元来、おおむね一時的なものであり、物体（たとえば岩など）は、短時間カオス的な動きをした後、月を離脱していく。その物体がどこへ行くのか、私は知りたかった。それまでの私の重力キャプチャー研究は、宇宙機への応用が焦点だった。ごく小さなマヌーバを行って、月付近での宇宙機の動きを安定させ、長時間キャプチャーを受けるようにすることだ。

だが、もしマヌーバを行わなかったとしたら？　WSBは、動きがカオス的で不安定な場所であり、物体の行き先は見当がつかなかったが、それでも特に驚くようなことがあるとは予想していなかった。岩はすぐ月を離れて、何らかの地球周回楕円軌道に入るのではないか、と考えていた。

ところが、私が目にしたのはおかしなものだった。コンピュータ・シミュレーションを行って、地球と月に対する宇宙機の位置関係を示す結果を見るとき、私にとっては、軌道を図に表すよりも、コンピュータの打ち出す数字を見るほうが簡単だった。数字のほうがずっと情報量が多く、数字を見ればどのような軌道になるか思い浮かべることができる。だが、重力キャプチャーを離れた後の岩の行方については、プリントアウトした結果を見ても、数字の意味が理解できなかった。

それは異常に不安定な動きで、それまでに見てきた月付近での典型的な動きには、このようなものは一つもなかった。私はそれまで、キャプチャーを受けた物体はしばらく予想可能な楕円で月の周りを動くだろうと思っていた。ところが、動きには何のパターンもないように見えた。それが二〇日ほど続き、それから突然、岩が月を離れて地球周回楕円軌道に乗ったことを示す数字が並ぶ。この様子を表したのが、岩と月の距離の変化を示した図33だ。何かが間違っているのだろうか。

図33★WSB上の点を起点として月の周囲を動く岩と月との距離の不安定な変化

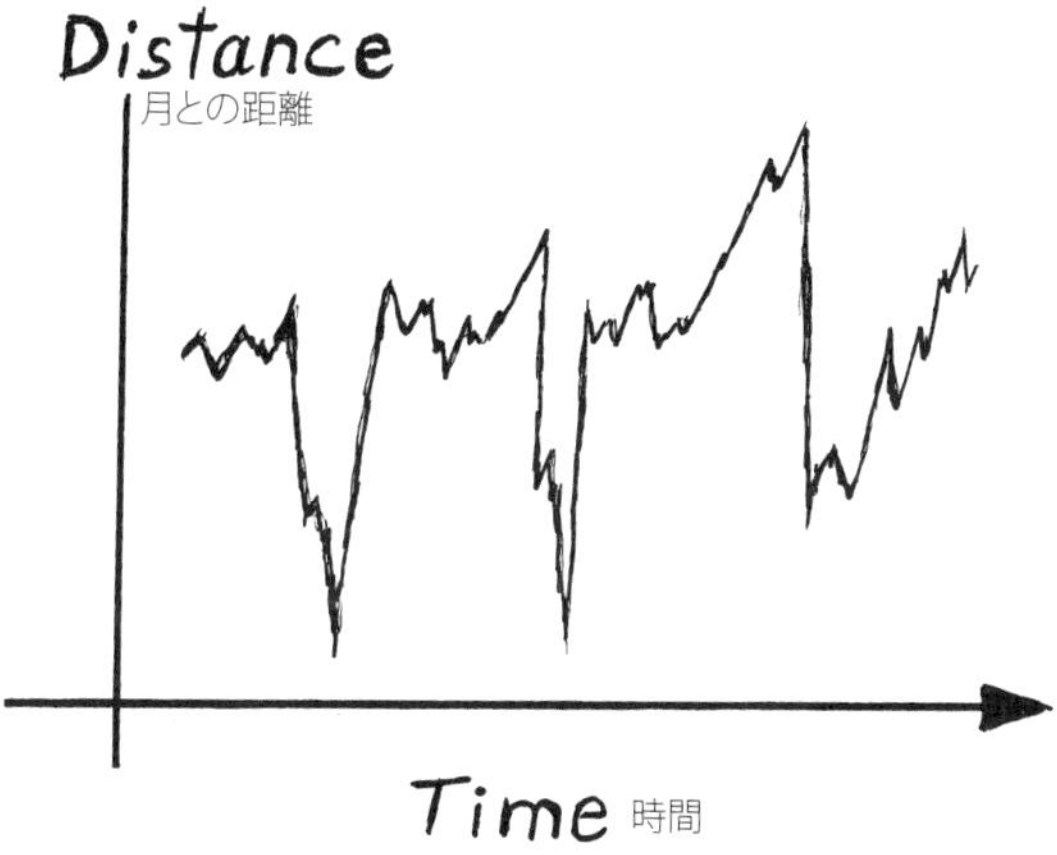

私は困り果て、軌道を図に表すことにした。そこに見えたものは、まったく予想外のものだった。月から約一〇万キロメートルのWSB上の点Aを起点として、時間をさかのぼって行くと、岩は地球を周回する楕円に近い軌道に入る。この楕円軌道は一見典型的なものに見えるが、よく調べてみるとそうではない。これは共鳴軌道と呼ばれるもので、その周期（宇宙機が地球を一周する時間）が月の公転周期（月が地球を一周する時間）と同期するという性質を持っている。この場合は二対一の共鳴だった（最初の数字は宇宙機が楕円軌道を何周するかを表し、二番目の数字は月が地球の周りを何周するかを表す）。二対一の共鳴ということは、月が地球を一周する間に、宇宙機は、月

との相対的な位置関係で見た起点であるＷＳＢ上の点Ａを離れて、月を回る楕円軌道上を二周するということだ。したがって、宇宙機の二周目の終わりにはその出発点、月から見た点Ａにきわめて近いところにもどってくることになる。

さて、ここまでは時間をさかのぼったときの話だ。ＷＳＢ上の起点Ａから時間を進めた場合も、当然同じ二対一の共鳴軌道に入り、もう一度ＷＳＢ上の起点Ａにもどってくるだろう。図34はこれを示している。この二対一の共鳴軌道は、月の公転軌道の中にすっぽりと入っている。

ところが、実際にＷＳＢ上の起点Ａから時間を進めてシミュレーションすると、予想をくつがえす結果が出た。宇宙機は突然月の引力に引っぱられて、月の周囲で非常に複雑な、揺れるような動きをするようになる。宇宙機は、月の公転軌道面とほぼ一致する最初の二対一の共鳴軌道面から外れ、その面に対して垂直方向に揺れる。宇宙機は月のＷＳＢで地球の引力をほぼ同じくらい受け、月に対してカオス的な動きをするのだ。

この動きを示したのが図35だ。この異常な動きは三四日間続く。月の公転周期二八日より少し長い。そして突然、月から引き離されて、地球を回るずっと大きな楕円軌道に入る。この軌道も地球と月の軌道面にあるが、完全に月の公転軌道の外にある。詳しく調べて

図 34 ★月との共鳴において地球を 2：1 で周回する共鳴楕円軌道

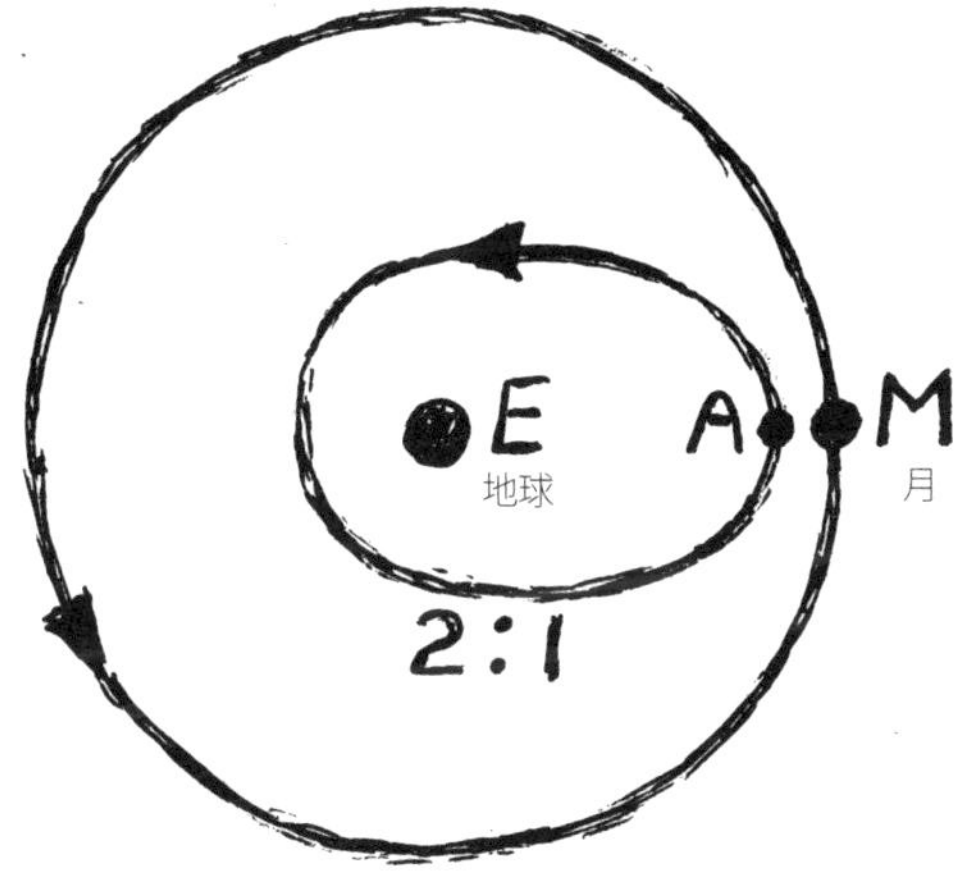

図 35 ★月の WSB における宇宙機のカオス的な動き

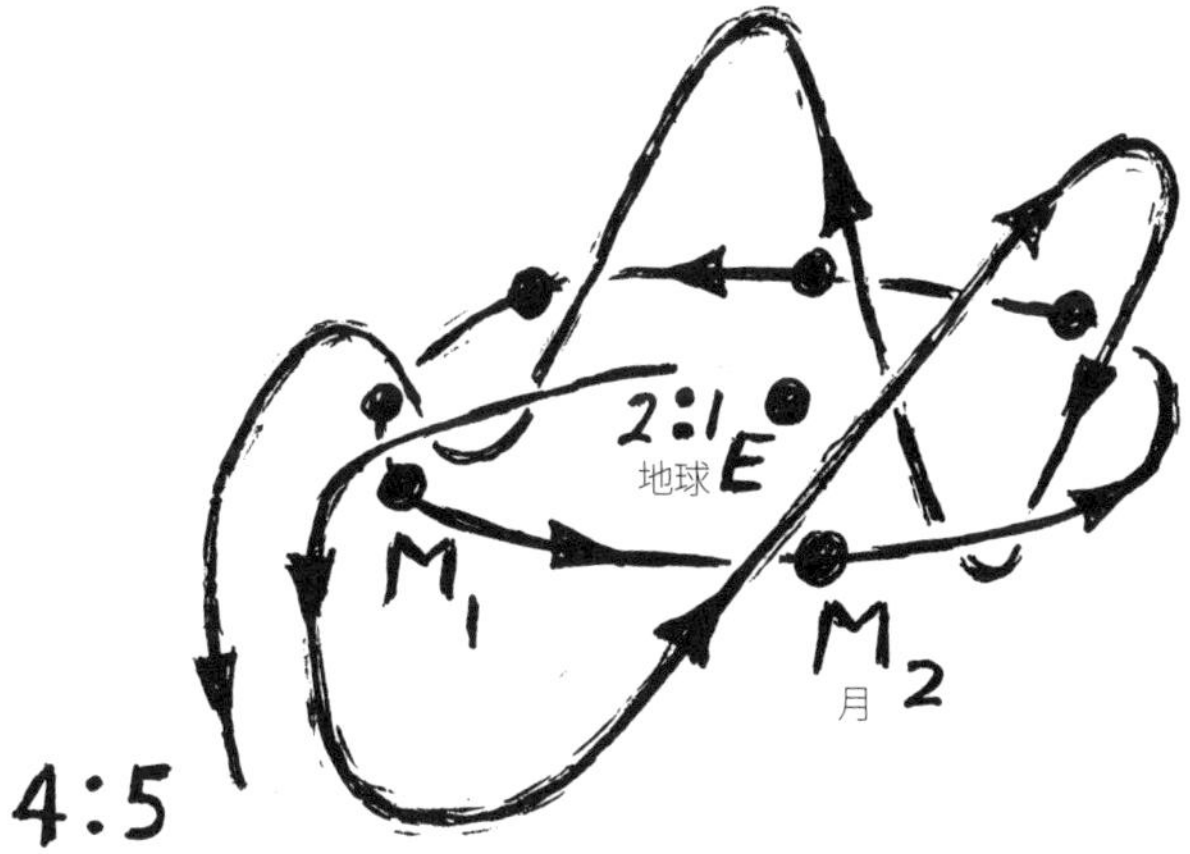

みると、この軌道も共鳴軌道だが、今度は四対五になっている。つまり宇宙機が地球を四周する間に、月は五周するわけだ。動きの全体を図36に示す。

つまり、WSB上のAを起点として、以下のような動きが観察された。

二対一の共鳴軌道　↓　WSBでのカオス的な揺れ　↓　四対五の共鳴軌道

このような動きはこれまで見たことがなかった。このシミュレーションは、地球と月の重力場だけをモデルに取り入れたものだ。こうしたタイプの共鳴の変化を、「共鳴遷移」という。一つの共鳴軌道から、別の共鳴軌道へのジャンプである。

理論天体力学と力学系という分野でのこれまでの経験から、私には、これが今まで観察されたことのない、通常とは異なる興味深い動きだということがわかった。これまで知られていた共鳴遷移の起こり方とは正反対だった。これまで知られていたプロセスは、一九六四年にロシアのV・アーノルドが存在を証明したもので、「アーノルド拡散」と呼ばれている。アーノルド拡散でも、宇宙機は共鳴遷移を起こすが、それには何百万年単位の時間がかかるはずだった。三〇日というのはありえない！　共鳴遷移がきわめて短時間

図36★2：1共鳴軌道から月のWSBへ、そして4：5共鳴軌道へのジャンプ

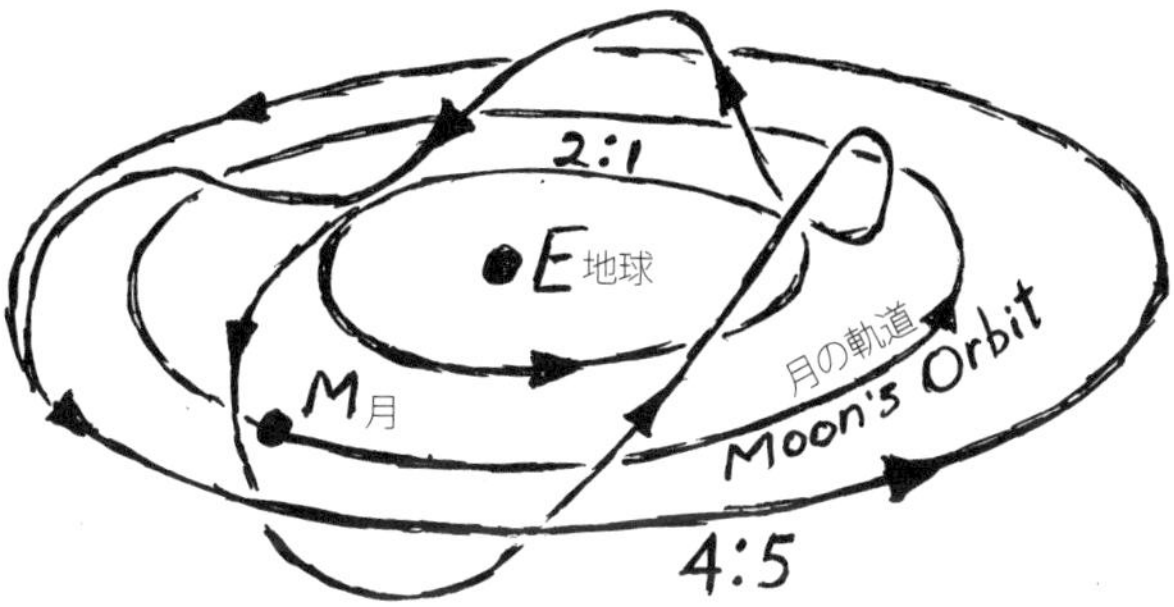

に起こることを強調して、私の見たプロセスを「共鳴軌道ジャンプ」と呼ぶことにする。

この現象が発見された一九八八年から一九九五年までの間に、何人もの数学者に見せ、かなりの関心を集めてきた。特にプリンストン大学のジョン・メイザーとフランスのミシェル・エルマンの二人は、一九九四年と一九九六年に私がこの現象を示したとき、興味津々だった。一九九四年にエルマンが、私のシミュレーションにエラーがある可能性はないかと聞いてきたのが記憶にある。

このプロセスの理解に結びつく重要な知見に出会えたのは、一九九五年四月ニューヨーク、国連での地球接近天体（ＮＥＯ）についての講演に招かれたときだった。講演の最後で、私

は先ほど見た共鳴遷移のプロセスを紹介し、興味深い現象ではあるものの、間違っている可能性や、物理学的に見て意味がない可能性があると付け加えた。私がそう言うやいなや、ハーバード大学の天文学者ブライアン・マースデンが、彗星ではこうした軌道の変化が確認されてきたと指摘した。月のWSBとの相互作用による宇宙機の軌道ジャンプではなく、木星のWSBで彗星が軌道ジャンプを行うというのだ。この場合、考慮の対象となるのは、大きな主天体としての太陽、それより小さな惑星としての木星、そして太陽と木星に比べれば無視できる程度の質量しか持たない彗星ということになる。それまで、主天体として地球、より小さな天体として月、そして無視できる程度の質量の岩が検討されてきたのと相似を成している。☆

マースデンによる指摘は、軌道ジャンプの具体例を示したものであり、軌道ジャンプを行う彗星の共同研究に発展した。マースデンと私は、WSBについての私の研究と彼の指摘とを結びつけ、一九九七年、『天文ジャーナル』誌に「彗星の軌道ジャンプ」[9]として研究成果を発表した。

軌道ジャンプを行う彗星について詳しく述べていこう。太陽に対する木星のWSBは、

☆　木星の質量は太陽の1000分の1、公転周期は11.86年。彗星の大きさは通常マンハッタン島ほどで、その質量は地球と比べても無視できる程度である。地球の質量は木星の1000分の1。

約六〇〇〇万キロメートルにも及んでいる。この木星のWSBを動く彗星は、太陽と木星の引力をほぼ等しく受けるため、その動作にはカオス的な不安定さがある。

彗星が太陽の周りを楕円軌道で回り、この楕円軌道が木星に十分近く、通過する速度が適切であれば、彗星は木星のWSBを通る可能性がある。WSBを通った彗星は突然、木星の周りの不安定な軌道に引き入れられ、緩やかに捕捉される。それからまもなく、たいていは木星を離れ、太陽の周りを回る別の楕円軌道に移る（彗星が木星を離れることから、このキャプチャー・プロセスは一時的キャプチャーと言われる）。この場合、木星のWSBに入る前後に彗星が太陽の周りを回る楕円軌道はどちらも、木星に対して共鳴軌道になっている。つまり彗星は、一つの共鳴軌道から別の共鳴軌道へとジャンプする。

こうした彗星は、太陽の周りを回る周期が二〇〇年を超えない「短周期彗星」という分類に属している。共鳴軌道間でジャンプを行う彗星の周期は、七年から五二年。彗星の中には、数千年の周期をもち、太陽から木星までの何倍もの距離まで遠ざかるような彗星もあるが、それとは対照的だ。軌道ジャンプにかかる時間、すなわちWSBでの木星との相互作用の時間は、一七日から一七年と大きな開きがあることが観測されてきた。

図37★ゲーレルス第3彗星の共鳴軌道ジャンプ。木星の外側で太陽の周りを回る共鳴比2：3の軌道から、木星の内側の3：2の軌道への遷移

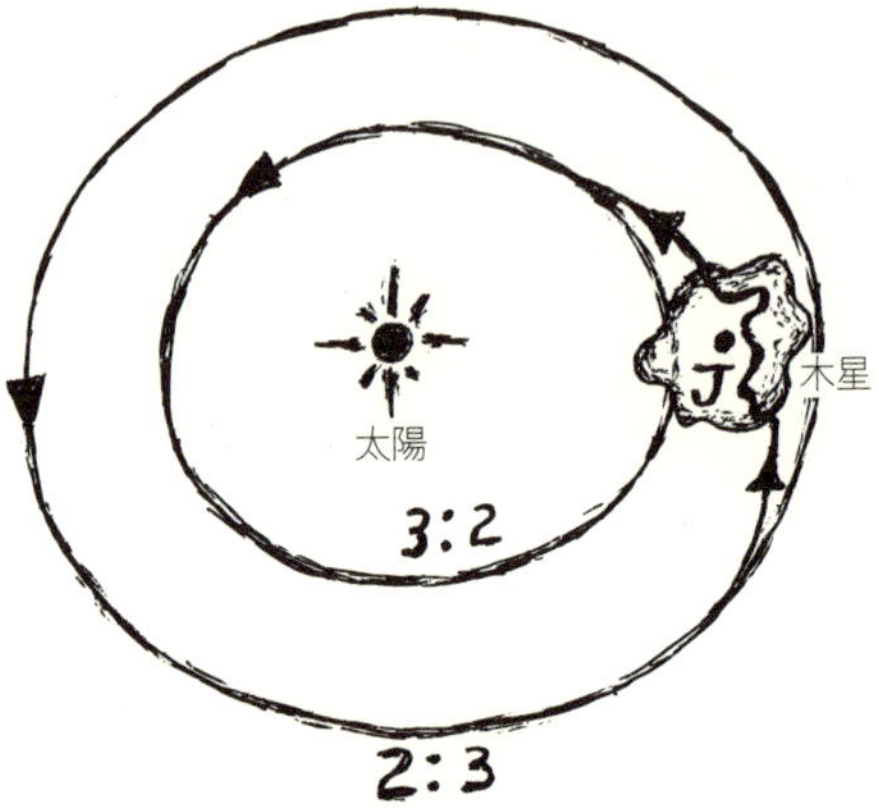

共鳴軌道間でジャンプを行う彗星の例として、図37に示したゲーレルス第三彗星がある。この彗星はもともと、木星に対して二対三の共鳴軌道で太陽の周りを回っていた。この軌道は木星の公転軌道の外にあり、周期は一八・二年だった。一九六八年一一月六日、彗星はジャンプを開始し、一九七三年一二月五日に八・一年の周期を持つ三対二の共鳴軌道に遷移した。

軌道ジャンプ期の彗星の複雑な動きは、ヘリン・ローマン・クロケット彗星でも確認できる（図38）。木星に対して三対二の共鳴軌道で太陽の周りを回っていたこの彗星は、軌道ジャンプを行って、別の三対二の共鳴軌道に遷移した。軌道ジャンプの開始は一九六八

図38★木星のWSBでのカオス的な動きを経て別の軌道に向かったヘリン・ローマン・クロケット彗星

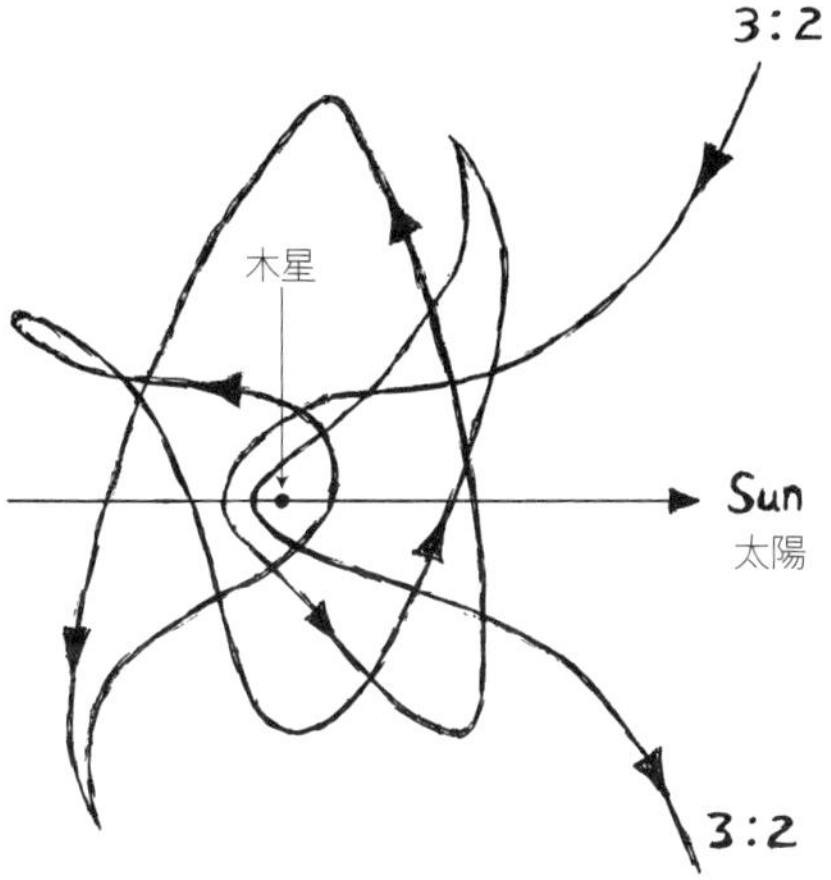

年一二月五日で、その後一九八四年八月三日まで続いた。

木星との相互作用による彗星の共鳴遷移は、実際に観測されたわけではない。一つには、木星ほど太陽から遠いところでは、彗星の観測はきわめてむずかしいということがある。彗星は往々にして暗く、もっともよく見えるのは、太陽に接近して彗星特有の白く輝くコマ（頭部）と尾があるときだ。木星の近くでも、ちょうどうまく太陽に照らされれば見えることがある。たとえばオテルマ彗星は、一九四三年三月二七日、フィンランドのトゥルク天文台でリイシ・オテルマによって発見された。彗星はこのときすでに、木星に対して三対二の共鳴軌道にあって、七・九年周期

図39★太陽との「合」の位置にある彗星

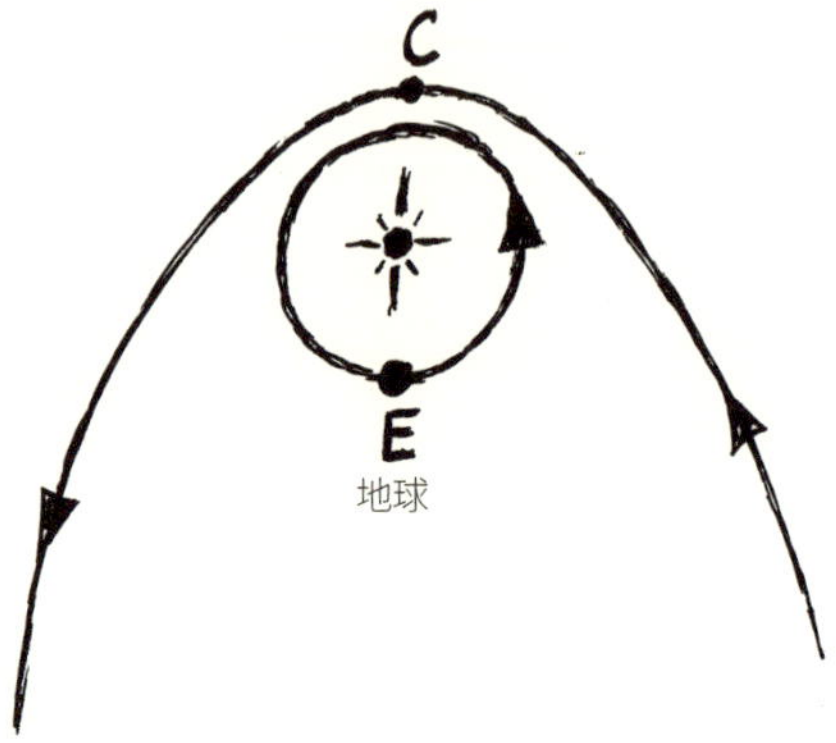

で太陽の周りを回っていた。コンピュータで時間をさかのぼるシミュレーションを行って初めて、この彗星が実は、一九三六年一一月二三日に木星の近くを通過し、それまで一八・二年周期で太陽の周りを回っていた二対三の共鳴軌道から離れたことがわかった。オテルマ彗星はその後、一九三八年一二月二六日まで木星付近を動いて軌道ジャンプを行い、木星の内側で太陽の周りを回る三対二の共鳴軌道に遷移したのだ。

この数値シミュレーションはまた、オテルマ彗星が一九六二年五月二一日にもう一度軌道ジャンプを行うことを予測した。予測では、軌道ジャンプは一九六四年二月一二日まで続き、一八・四年の周期を持つ二対三の楕円軌道に再度遷移するとされた。ただ、遷移が起こったと

表1★共鳴軌道ジャンプを行う彗星とそれぞれの軌道遷移

彗星	共鳴遷移
ヘリン・ローマン・クロケット	3:2 → 3:2
ハリントン・エーベル	5:3 → 8:5
オテルマ	2:3 → 3:2
ゲーレルス第3	2:3 → 3:2
レクセル	5:4 → 2:1
スミルノワ・チェルヌイフ	6:13 → 7:5
カーンズ・クェー	3:13 → 4:3
ポンス・ヴィネッケ	2:1 → 2:1
ヴォルフ	7:4 → 3:2 → 4:3 → 3:2 →…→ 4:3

き、オテルマ彗星は「合」の位置、すなわち太陽が地球と彗星の間にある状態で視界がさえぎられていたため、観測はできなかった（図39）。

表1にあげた彗星には、たとえば五〇年程度の比較的短期間についてなら、それなりに正確な軌道を描くのに十分な観測データがある。ただ長期間となると、観測データをさらに積み重ねなければ、信頼できる軌道を数値シミュレーションから得るのはむずかしい。共鳴軌道ジャンプを行うときの彗星の動きはカオス的であり、モデル化されていない微妙な摂動（天体の運動が他の天体の引力によって乱れること）によるごくわずかな動作の変化が、コンピュータ上では真の軌道からの大きなずれの原因となることがあるからだ。

地球との衝突の可能性

共鳴軌道にある彗星には、惑星と衝突する可能性があることがわかっている。

シューメーカー・レヴィ第九彗星がこのケースだった。一九九四年七月、この彗星と木星の大衝突が起こった。彗星は木星接近にともなって、いくつもの破片に分裂した。衝突で生じたきのこ雲には、地球ほどの大きさにまで達したものもあった！　この彗星は、衝突に先立って木星に緩やかに捕捉されたときには、オテルマ彗星と似た二対三の共鳴軌道を持っていた。だが、オテルマ彗星のように別の共鳴軌道へのジャンプを行う機会はついに来なかった。シューメーカー・レヴィ第九彗星の木星との衝突が示したのは、彗星が一つの軌道から別の軌道へ軌道ジャンプを行う場合、地球との衝突の危険が生じるということだった。

共鳴軌道ジャンプを行う彗星が、地球と衝突する可能性があるだろうか。もし衝突が起これば、ほとんどの生命が死滅してしまうだろう。約六〇〇〇万年前に起きた彗星か小惑星の衝突が、恐竜の絶滅につながったと推測されているように。こうした衝突は数十億個の水爆の爆発にも等しい。人類が地球上で生き残るには、この問題の理解が重要だ。

実際、共鳴軌道ジャンプを行う彗星が地球と衝突する可能性はある。一八世紀には一つの彗星が接近した。表1にあるレクセル彗星だ。

レクセル彗星

一七七〇年、シャルル・メシエ〔一七三〇〜一八一七〕は一つの天体を発見し、これが彗星であることがわかった。ヨハン・アンダース・レクセル〔一七四〇〜一七八四〕はメシエの観測データを使って軌道を計算し、彗星が太陽の周りを回る楕円軌道にあることを突きとめた。レクセルはまた、この彗星が、発見前の一七六七年、楕円軌道に入る前に、木星の引力によって軌道を変えられたことも突きとめた。彼は彗星が一七七九年にもう一度、さらに劇的な形で木星の引力の影響を受けることを予測した。彼にちなんで、この彗星はレクセル彗星と名づけられた。

一七七〇年六月一四日にメシエが観測したとき、彗星は望遠鏡で見えるか見えないかだったが、六月二二日には肉眼でも見えるようになっていた。彗星は世界中で目撃され、昼間でも見ることができた。七月一日、彗星は地球に最接近した。その距離わずか〇・一四六AU〔一AU＝一天文単位。地球と太陽の間の距離一億四九〇〇キロメートルを一AUとする〕。つまりわずか二一八万キロメートルで、天文学的にはこれはニアミスだ。前に述べたように、こうした

図40★1722年以来のレクセル彗星の軌道。初めは、周期9.6年、ほぼ5：4の大きな楕円軌道にあった。1755年、地球の公転軌道と交差する、2：1の共鳴軌道にジャンプ、地球から218万キロメートルのところを通過した。

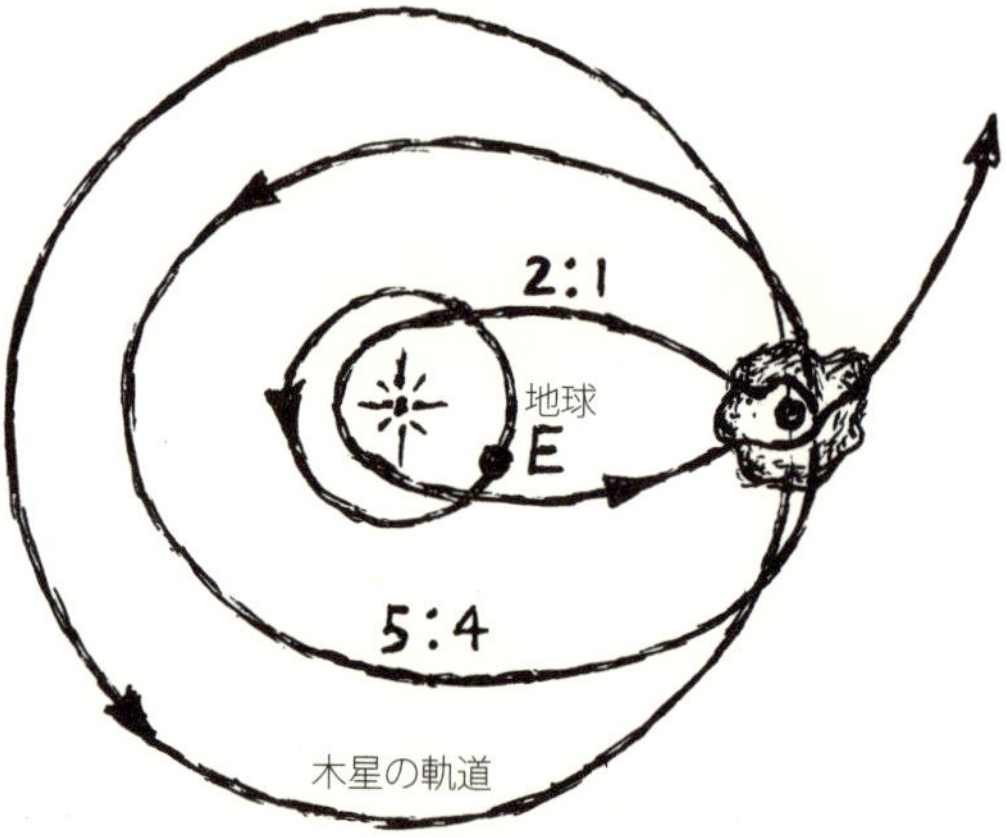

大きさの彗星が衝突すれば、地球上のすべての生命に深刻な影響を与えることになる。

後に、レクセル彗星の軌道の数値シミュレーションによって、彗星の動きについての過去の計算の正しさが確認され、次のようなことがわかった。

一七二二年、レクセル彗星はほぼ五対四の共鳴軌道にあって、九・三年の周期で太陽の周りを回っていた。この軌道はかなり偏心的で（重心が偏っていて）、細長い楕円のように見える。近日点での太陽からの距離は二・九AU、遠日点では五・九AU。木星の軌道は太陽から約

☆　近日点とは、太陽の周りを回る楕円軌道が太陽にもっとも近い点、遠日点は、太陽からもっとも遠い点。

五・二AUであり、遠日点は木星軌道の少し外側ということになる。図40にこの楕円軌道を示す☆。

一七六七年一月一二日、レクセル彗星は木星の近くで軌道ジャンプを開始、これは同じ年の六月九日まで続いた。そして、五・六年の周期を持つ、ほぼ二対一の共鳴軌道に遷移した。新しい楕円軌道は近日点で太陽からわずか〇・六七AUしかなく、地球の公転軌道と交差していた。

こうしてレクセル彗星は、共鳴遷移によって、地球の公転軌道を横切る彗星に変わった。この変化にはわずか五カ月しかかからなかった。地球上の観測者にとっては、彗星がどこからともなく突然現れたように見えたことだろう。

二対一の楕円軌道にあったとき、彗星は地球に接近し、一七七〇年七月一日、地球から二二八万キロメートルのところを通った（地球から月までの距離のわずか五倍程度しかない！）。その後、彗星は外に向かい、一七七九年七月二七日、木星に接近した。木星からわずか二二万七〇〇〇キロメートルのところを通過したのだ。その際、木星の強力な重力アシストによってかなり加速した。このため、彗星は太陽から遠ざかる方向へ飛ばされた。周期

図41★1770年地球接近後のレクセル彗星の軌道。木星の近くを通過し冥王星の先にあるカイパーベルトへ。

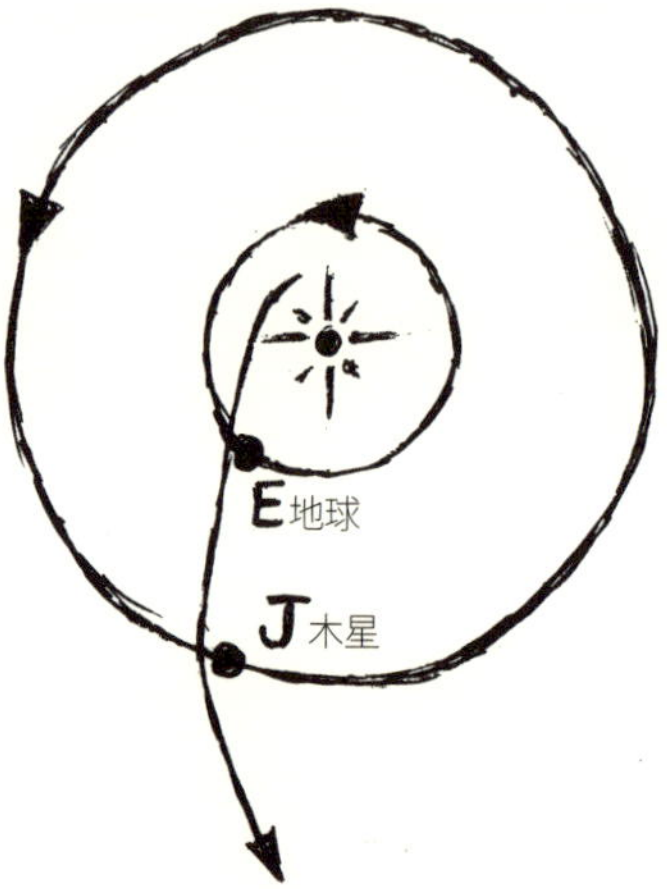

三三七年、遠日点で九一・五AUという巨大な楕円軌道だった（図41）。これは冥王星の軌道をはるかに超える（冥王星は太陽から約四〇AU）、カイパーベルトと呼ばれる領域にある。カイパーベルトでは、多くの小惑星が太陽の周りを回っており、冥王星もそうした小惑星の一つと考えられている。

木星での軌道ジャンプにより地球公転軌道を横切る彗星の危険性

レクセル彗星の軌道について理解を深めることが必要だ。この彗星は、軌道ジャンプを経て、ほとんど何の前触れもなく突然に、地球と衝突する可能性を持つようになる彗星を代表しているからだ。軌道ジャンプ期はたったの五カ月、地球への接近はそのわずか三年後だった。私たちが持てる時間は三年しかないということになる（彗星が地球に接近するまで発見されなければ、実際、時間はまったくないことになる）。レクセル彗星が最終的にカイパーベルトへ向かったことからすると、彗星のような天体がカイパーベルトで発生し、それが木星付近を通過して、ほとんど何の前触れもなく地球公転軌道を横切るようになる可能性がある。調査を行って、こうした天体のまだ知られていない分布を理解しておくことは大切だろう。

カイパーベルト天体と海王星での軌道ジャンプ

木星のＷＳＢとの相互作用によって彗星が共鳴軌道のタイプを変えるプロセスは、海王星のＷＳＢを通過するカイパーベルト天体（太陽系外縁天体）に応用できる。一九九二年、ハワイ大学の天文学者Ｄ・ジューイットとカリフォルニア大学のＪ・ルーが１９９２ＱＢ１を発見して以来、海王星軌道の向こう、三〇ＡＵから五〇ＡＵに位置する多くの天体が発見されてきた。一九九三年、Ａ・フィッツシモンズ、Ｉ・ウィリアムズ、Ｄ・オッキャリニが１９９３ＳＣを発見した。「カイパーベルト」という名は、オランダの天文学者ヘラルド・カイパーにちなんでつけられた。非常に遠いため、そこに位置する天体についてはまだ理解が進んでいない。カイパーベルト天体の中には、かなり大きいものもある。クワーワーと名づけられた2002LM60の場合、直径は一三〇〇キロメートル。冥王星の半分以上に達し、冥王星の衛星カロンを上回る。冥王星はかなり小さな天体で、その直径は地球の一八%、月と比べてもその六〇%しかなく、カイパーベルト天体の一つだといわれている。

カイパーベルト天体のうち、海王星に対する共鳴楕円軌道を持つものはかなりの割合にのぼる。冥王星も海王星に対してほぼ二対三の共鳴軌道を描いている。太陽からの距離は約四〇AUだ。

海王星に対して二対三の共鳴軌道を持つカイパーベルト天体が、はるか昔に海王星のWSBに遭遇し、現在の二対三の共鳴軌道にジャンプした可能性を示す証拠がある。遠い過去のある時点で、一つのカイパーベルト天体が海王星のWSBで緩やかに捕捉され、別の共鳴軌道から現在の二対三の共鳴軌道にジャンプしたと考えれば、現在の軌道が可能であることが示せるが、このように考えた場合、その軌道の偏心性が推計できるのだ。計算で求められる偏心性と観測値との差は、平均〇・〇一二しかない。差がこれほど小さいことから、カイパーベルト天体が海王星のWSBで軌道ジャンプした可能性は十分に考えられる。

だとすると、これは私たちにも深くかかわってくる可能性がある。なぜなら、カイパーベルト天体は海王星のWSBに遭遇して劇的な軌道遷移を行う可能性があり、その結果、天体が太陽の周りを回る楕円軌道に乗り、その軌道が地球の軌道を横切って、地球と衝突する可能性が出てくるからだ。

このプロセスは、レクセル彗星のように、木星のWSBとの相互作用で地球の軌道を横切るようになった彗星と似ている。カイパーベルト天体にはかなり大きいものもあり、以下で見るように、少なくとも一つは冥王星よりも大きいことが知られている。もし惑星サイズの大きな天体が地球に衝突すれば、その影響は地球のすべての生命を脅かすにとどまらず、地球の公転軌道を変えることになるだろう。

このシナリオが実現する可能性は低いとはいえ、理論的には起こりうる。彗星の場合と同じように、カイパーベルト天体と地球との衝突は、地球上の生命をほぼ絶滅させることになるだろう。

地球－月系からの重力エスケープ

一九八七年に気づいた共鳴軌道ジャンプに関連して、興味深いプロセスが一つある。先に示した図36は〔一四七ページ〕、月に対して二対一の関係にある地球周回楕円軌道から四対五の楕円軌道への遷移を示したものだ。このモデルでは、地球と月を主要天体とし、この二天体と比べて無視できる質量の宇宙機が共鳴軌道ジャンプを行う。つまり、地球、月、宇宙機の「三体問題」として、動きがモデル化されているわけだ。

地球－月系内でのこのような動きに関するモデルに、もし太陽の引力による摂動も取り入れるとすれば、重大な影響が現れてくる。月のＷＳＢにいる宇宙機の動きはきわめて不安定だからだ。太陽を考慮に入れても、もとの二対一の地球周回楕円軌道は安定したままだ。ところが、図36に示したカオス的な軌道ジャンプの力学は崩れてしまう。宇宙機は太陽に引っぱられた結果、四対五の楕円軌道に遷移するかわりに、地球から一五〇万キロメートルの彼方へ引っぱられ、地球と太陽のＷＳＢに入る。この領域にいる宇宙機にとって、地球と太陽の引力はほぼ釣り合うことになる。太陽が地球－月系から宇宙機を引っぱり出して、太陽の周りを回る軌道に乗せてしまうのだ！

こうして宇宙機は、地球－月系からの脱出に通常必要となるロケット噴射を行わずに、

図42★地球 - 月系からの重力エスケープ

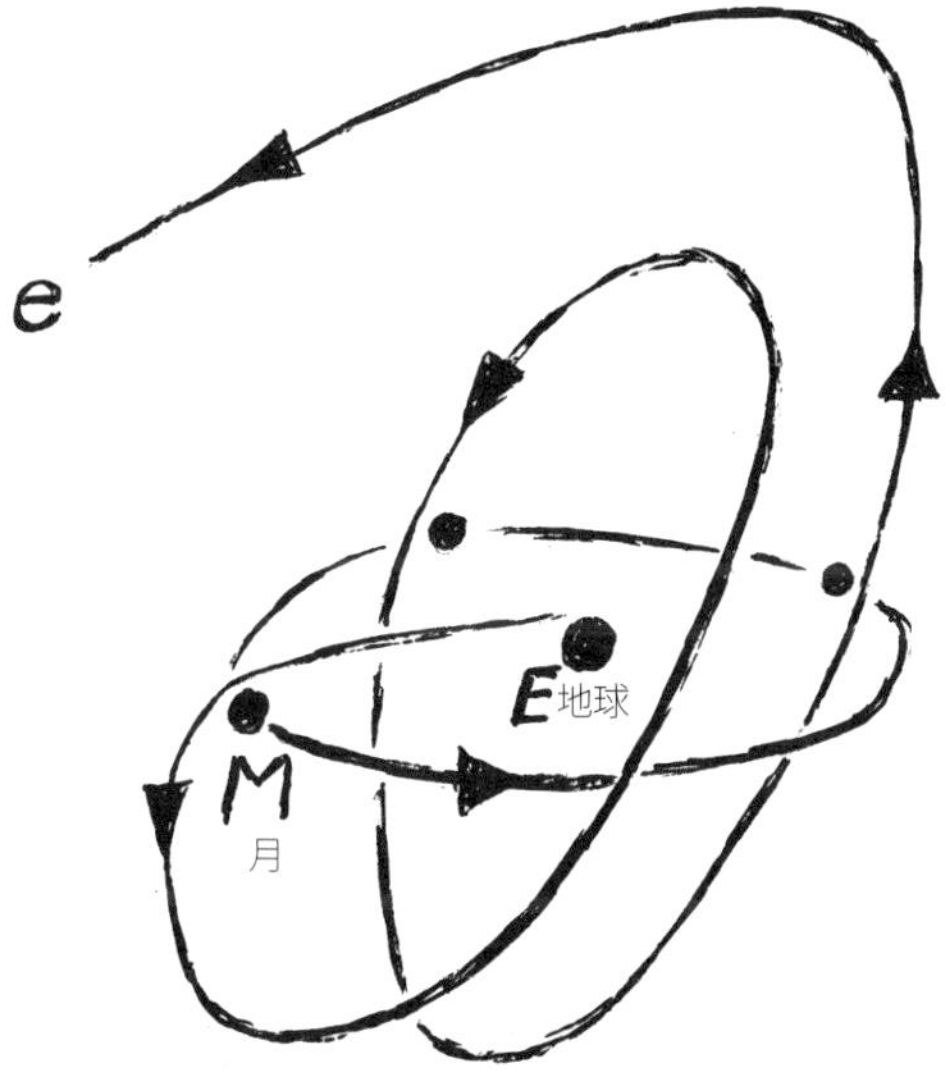

地球ー月系を脱出できる。これは「重力エスケープ（脱出）」と呼ばれ、図42ではeで示される。これは地球ー月系からの脱出で燃料が大幅に節約できることを示しており、興味深い。

宇宙機がこのようにして地球ー月系を脱出する場合、脱出には一八〇日かかる。キャプチャーと同じく、エスケープのプロセスも漸進的だ。宇宙機が太陽の周りを回る地球に似た軌道に乗ったとき、その速度は秒速二七キロメートルで、地球の公転速度に近い。もし宇宙機を、地球軌道より外、たとえば火星などの惑星の軌道に遷移させたければ、エスケープの間にロケット噴射を行って速度を増すことにより、エスケープの力を増幅すればよい。

このアプローチの変形が、日本の火星探査機「のぞみ」（正式にはPLANET－B）によって利用された。これは、一九九九年に「のぞみ」を火星周回軌道に投入するというミッションだった。一九九八年の打ち上げ後、「のぞみ」はホーマン軌道で月へ行き、月の横を通過、地球を回って再度、月を通過した。この二度の月スイングバイによって、「のぞみ」は、地球から一五〇万キロメートル離れた地球のWSBまで行くのに十分な速度を得た。その後「のぞみ」は地球にもどり、火星到達に十分な速度を得るため、「地球パワースイングバイ」（スイングバイと同時にロケットを噴射）を行うことになっていた。ところが、燃料バルブの不具合で燃料が足りず、「のぞみ」は一九九九年内に直接火星に到達することも、到達時に周回軌道に入ることもできなくなった。火星に到達するには、もっと長く間接的な経路をたどらなければならなくなったのだ。二〇〇三年、「のぞみ」は火星から約一〇〇〇キロメートルの距離に接近した。現在は、火星に似た軌道で太陽の周りを回っている（火星との衝突の危険性を下げるため、二〇〇三年一二月、火星周回軌道投入を断念）。

重力エスケープは、将来的に有人火星探査が行われる場合、コスト削減の手段として利用できる。ホーマン軌道よりは約半年長くかかるが、物資のみ重力エスケープ軌道で送ればいい。これによって、ホーマン軌道をとる有人宇宙船の質量が減ることになる。

この重力エスケープ・プロセスを逆に見ることによって、地球に似た軌道で太陽の周りを回る小惑星が地球周回軌道に捕捉されるまでのプロセスを示せる可能性がある。図42に示した動きを逆にたどれば、小惑星は約一五〇万キロメートル離れたところから地球－月系に引き入れられて月を数度通過し、そして二対一の地球周回軌道に入る。地球の公転軌道を横切る小惑星のいくつかに軌道変更を加えて、この捕捉が起こるようにできるかもしれない。

これは魅力的だ。なぜなら、そうなれば、地球がいつか必要とするかもしれない貴重な鉱物資源を、地球を周回する小惑星で掘削できるようになるからだ。

14

月はどこから来たのか

THE CREATION OF THE MOON BY ANOTHER WORLD

省エネ軌道とＷＳＢにはもう一つの興味深い応用があり、それは月の起源にかかわっている。

天文学上の未解決の問題の一つは、月がどこから来たかということだ。この問題に答えようとした初期の理論の一つに、「双子集積説」がある。約四〇億年前、すべての惑星の形成源である、ガスと塵の原始太陽系星雲の中で、地球と月が双子のように同時期に形成されたとするものだ。だが、この理論では説明できないことがある。たとえば、地球は鉄の中心核を持つのに月にはそれがない。そのため、地球と月では密度が異なる。地球の密度が一立方センチメートルあたり五・五グラムであるのに対し、月は三・三グラムだ。

もう一つの理論は、月が地球の軌道とは別のところで形成され、地球周回軌道にとらえられたとする「捕捉説」だ。この理論が正しければ、地球と月では酸素同位体☆の存在度が違うはずだが、残念ながら、地球と月は同一の酸素同位体存在度を持っている。

鉄の分布が異なることと酸素同位体存在度が同一であること。とりわけこの二つについての説明が可能で、一般に受け入れられている理論は「巨大衝突説」と呼ばれている。これは、W・ハートマン、D・デービス、A・キャメロン、W・ワードによって提唱された。「巨大衝突説」は、四〇億年前の地球形成後に、火星サイズの巨大な天体が地球に衝突、その破片から月が形成されたとする。衝突した天体にも地球にもすでに鉄の中心核があり、月を形作った破片は、主としてその天体から、一部は地球から飛散した、鉄の乏しいマントル部分のものだ。

この理論なら、月に鉄の核がないことが説明できる。この理論はまた、地球に衝突した天体が太陽から一AUという、地球と同じ距離のところで形成されたとする。これによって、地球と月が同じ酸素同位体存在度を持つことが説明できる。この衝突は、「大飛散《ビッグ・スプラット》」と呼ばれることもあり、図43はそれを描いたものだ。天体は秒速数百メートル程度の比較的低速で地球に衝突した。これを、「近似放物線衝突」と呼ぶ。そのような二つの大きな

☆　同位体（アイソトープ）とは、陽子数が同じで中性子数の異なる原子。

図 43 ★地球に衝突する火星サイズの天体。カンバス、油彩、ウィリアム・K・ハートマン博士、米惑星科学研究所。

惑星同士の衝突は、最高の見ものだっただろう。もちろん安全なところからであれば！

根本的な問題は、火星サイズの巨大な天体がどこから来たかということだ。二〇〇一年五月、プリンストン大学での学会で、プリンストンの天体物理学者リチャード・ゴットが仮説を説明していた。それによると、太陽系がまだ地球形成のもととなった原始的な星雲であった時期、多くの破片が太陽の周りを回り、地球－太陽の正三角解ラグランジュ点L４、L５

図44★太陽－地球系の正三角解ラグランジュ点

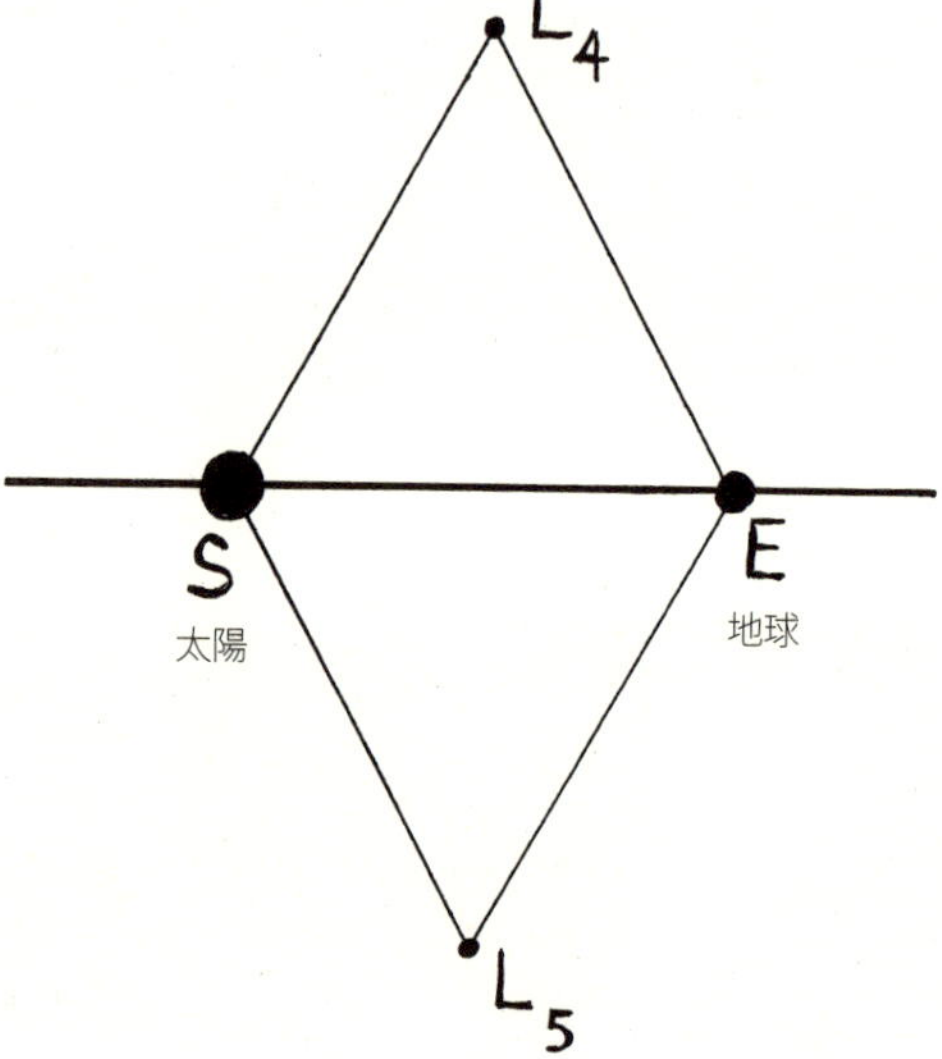

にとどまるようになった可能性がある（図44）。Ｌ4、Ｌ5は安定した点であるため、ここに到達した移動スピードの遅い破片は、そこにとどまったままになる。破片は増えるにつれて合体しはじめ、大きく重い塊ができていったことだろう。こうして七〇〇〇万年を経て、火星サイズの大きな天体ができあがる。ゴットはこう説明した後、私にたずねた。

「この物体は、形成された後、どうしたら地球と衝突する軌道に乗ることになるのだろうか」

パズルにこのピースが必要なの

は明白だったが、答えのほうは明らかではなかった。数カ月間この問題について思いめぐらしているうちに、解答がはっきりした。

地球のような惑星が、太陽のようなより大きな天体の引力の影響を受けてWSBを持つのとまったく同じように、L4（またはL5）もWSBを持つはずだ。便宜上、これをWSBLとする。第七章で見たように、WSBは、位置と速度の両面でとらえる必要がある。つまり、L4からもっとも近い距離から最遠の距離（月の場合は約一〇万キロメートル）まで、それぞれの距離dに対応した臨界速度V（d）が定まる。この臨界速度は進行方向によって異なる。

簡潔にするため、以下ではL4に話を絞ろう。小さな物体は、速度がV（d）未満であればL4に捕捉されやすく、逆に速度がV（d）より大きければL4から遠ざかることになる。第七章で見たように、WSBは月を取り囲む不規則な形の面の集合と考えることができる。この面が小さくなれば、対応する臨界速度V（d）の値は大きくなる。

ちょうどL4にいれば、V（d）は最大速度V（0）になる。このL4上での臨界速度V（0）は、L4による捕捉かL4からの脱出かの境界であり、この値はL4からの脱出方向によって異なる。

図45★L4（またはL5）からの動きの方向に応じた臨界速度を規定するWSBL面。不規則な曲面をしている。

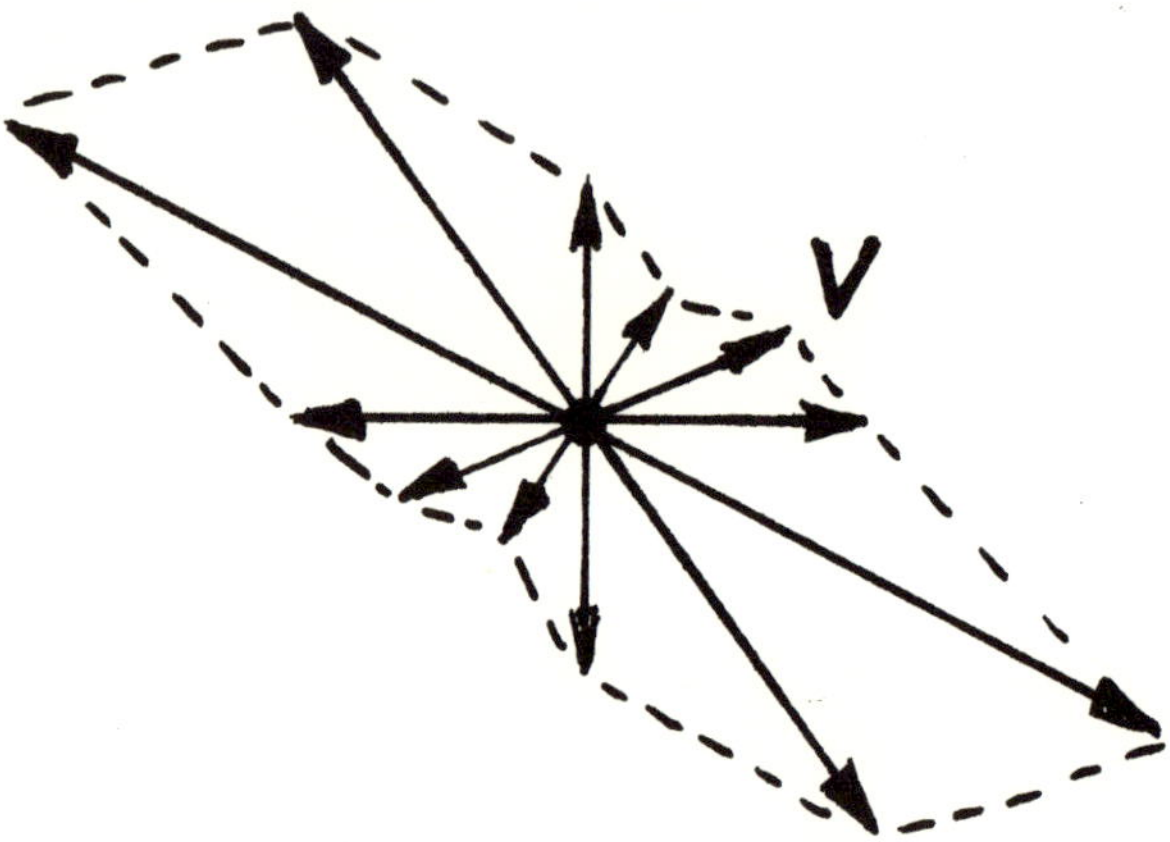

図45は、緩やかに捕捉されるために必要な速度を、L4からのそれぞれの動作方向に対応して規定するWSBL面を表している。

したがって、L4にいるときの速度がV（0）よりほんの少しだけ大きければ、この小さな物体、すなわち衝突体は、かろうじてL4を脱出することになる。これを「微弱エスケープ」と呼ぶ。速度がほぼV（0）と等しいため、L4を脱出する小さな物体の動きはカオス的になる。これは、バスタブに水を満たすのに似ている。バスタブに水を注いで一杯にしていくと、縁に近づいたとき、水を入れるのが速すぎれば勢いよくあふれるが、ゆっくり入れれば、バスタブの縁まで来てから、じわじわと縁を越えて流れ出す。

さて、Ｌ４をかろうじて脱出した衝突体は、ゆっくりとＬ４を離れるが、その動きは、太陽からＬ４とほぼ等距離を保つ。つまり太陽から一ＡＵ、これは太陽から地球までの距離だ。やがてこの天体は、地球の前か後ろから接近する。天体は太陽から一ＡＵの距離にあるので、地球にきわめて近いところを通過することになり、予想どおり、地球の引力に引っぱられて、地球に対して低速で衝突するか、あるいは地球の近くを通過して重力アシストによって速度を増し、再び地球と遭遇することになるか、どちらかになる。この軌道上の小天体の動作はきわめて不安定なので、衝突もありえるだろう。

このアイディアをコンピュータ上でシミュレーションしてみると、実際に算出された軌道は、ゆっくりとＬ４を離れて地球の公転軌道にゆっくりと近づき、巨大衝突説と一致する近似放物線衝突で地球に衝突した。衝突する天体が地球の軌道に沿って低速で動いているとき、その動作は不安定であるため、これを「カオス的漸動衝突軌道」と呼ぶ。図46はこの軌道を示している。

この天体がＬ４を離れるメカニズムは次のようになっている。Ｌ４に破片が集まってくると、大きさを増しつつある物体はこうした破片と衝突したり、衝突しそうになったりする。

図46★L4から地球に衝突するまでの、巨大天体Iの漸動衝突軌道

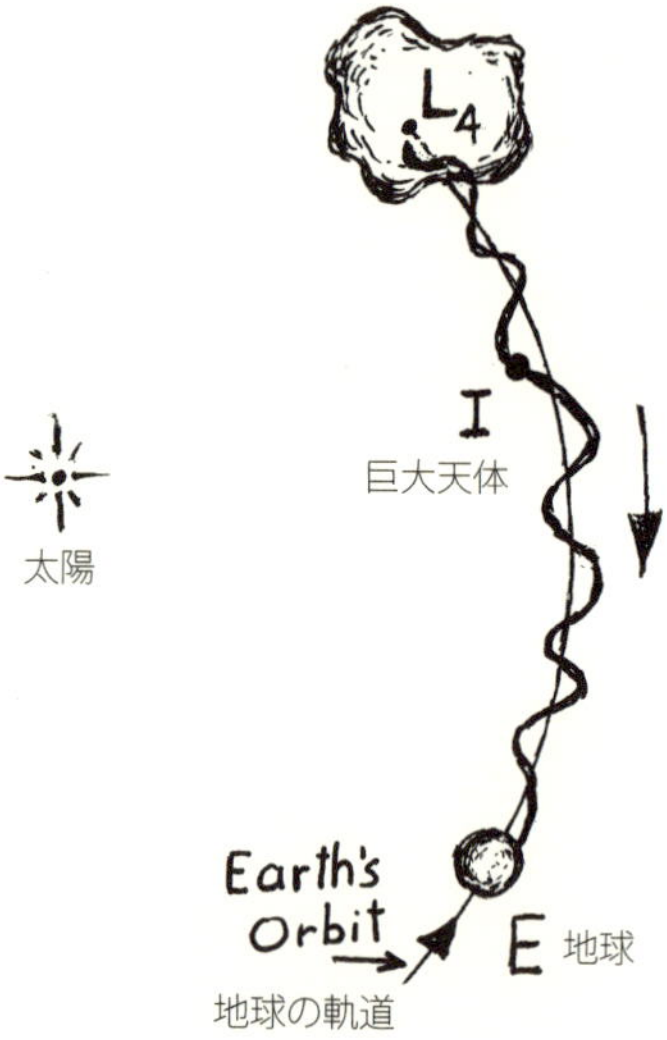

こうした衝突や接近によって、この物体はＬ４付近を動き回ることになり、時間が経つにつれ、しだいにＬ４に対する相対的速度が増していく。数百万年後には、物体は地球との衝突軌道に乗るだけの大きさと速度をともに持つようになるだろう。衝突までには数百年単位の時間がかかる。このメカニズムは、ゴットと共に発表した研究論文「月はどこから来たか」[8]に詳しく説明してある。

四〇億年前の地球から観測していたとすれば、初めは地球と太陽を結ぶ線から六〇度の方向で、夜空に明るい天体があるのに気づくようにな

るはずだ。時間とともに天体は明るさを増す。やがて天体は移動を始め、非常に明るくなる。昼間でも青空に輝く天体として見えることだろう。天体は大きさも増し、空に大きく見えるようになるはずだ。比較的短い時間の間に、空いっぱいになり、そして地球に向かって来てすさまじい衝突を起こし、月が誕生することになる。このように、月の誕生には別の天体がかかわっていたと考えることができる。

衝突体についてのこの学説は、他の惑星の衛星の形成にも応用できる可能性がある。現在、こうした問題にはまだ答えが見つかっていない。私は数年来、プリンストン大のリチャード・ゴット、ロバート・バンダーベイとともにこの問題を研究してきた。その結果、土星の衛星のいくつかは、その正三角解ラグランジュ点で形成されたものらしいことがわかった。たとえば、バンダーベイのシミュレーションによれば、土星の衛星ヤヌスとエピメテウスの現在観測されている動作は、この二つがラグランジュ点を起源としていることを示すものとされている。

15 月の彼方の星々へ

BEYOND THE MOON AND TO THE STARS

ＷＳＢ軌道の可能性

本書を通して私は、さまざまな状況で見られるカオス的な省エネルギー動作について説明してきた。重力キャプチャーと重力エスケープ、共鳴遷移、そして漸動衝突軌道といった動作を見た。これらは、宇宙機、彗星、小惑星、カイパーベルト天体、惑星サイズの衝突体といったものの動作についても考えられてきた。その結果、月への新しい行き方が生み出され、また、木星の衛星探査、軌道をはずれた人工衛星やミッションの救出、地球－月系からの脱出、月の起源をめぐる理論の提起、共鳴遷移をする彗星とカイパーベルトで起こりうる軌道ジャンプの解明につながった。

宇宙計画と惑星天文学へのカオスの応用は、まだ始まったばかりだ。こうした力学と動作は、惑星や衛星があるかぎり、他の状況にもいくらでも応用できる。動作の複雑さは、二体問題から三体問題へ、さらに四体問題へと進むにつれて増していく。三体問題と四体問題の理解はまだ十分ではなく、さらに多くの驚くべき動きが秘められているだろう。

これまでに紹介した動作の特徴の一つは、省エネルギーという性質を持つ一方で、緩慢なプロセスを示すということにある。たとえば、ホーマン軌道では月まで三日で行けるが、外WSB軌道では三カ月かかる。これは、動作が周囲の天体の影響を受けやすく変わりやすい領域で起こっているからだ。風の流れに乗るグライダーのように、こうした動作は天体の重力場での微妙な綱引きに乗っている。

本書で見てきた方法は、彗星、小惑星などの天体にかかわる、不安定なカオス的動作を探求するうえでは理想的だ。こうした天体は自然の重力場の中で動いているからだ。また、目的地に急ぐ必要がない宇宙機の燃料の節約にも、こうした方法はぴったりだ。

たとえば、冥王星とその衛星カロンに行くことにした場合には、そのあまりの遠さから、できるだけ速く到達したいと考える。ホーマン軌道でも約一二年かかるのだ。惑星のさまざまな重力場の間をゆっくりと蛇行していく省エネ航法では、とてつもなく長い時間、数百年から数千年もかかる可能性がある。ただ、到着時を考えると、冥王星－カロン系は省エネ航法に最適だ。冥王星とカロンは似たような大きさであるため、ここにはカオス的な動作が生じるポイントが数多くあると考えられるからだ。したがってこの場合、燃料を節約する省エネ動作を利用して、探査期間を延長することが可能だろう。一方、月へ行く場合は、ホーマン軌道の三日がＷＳＢ軌道の三カ月になっても、さして深刻な問題ではない。それに将来、研究が進めば、もっと短い航行時間のＷＳＢ軌道が発見される可能性もある。

冥王星よりも遠くの太陽系領域については、あまり理解が進んでいない。カイパーベルト天体は、およそ三〇ＡＵから五〇ＡＵの間に位置している。前に述べた、木星や海王星で軌道ジャンプを起こしうる短周期彗星について、その発生場所をカイパーベルトとする仮説がある。カイパーベルトには、直径数キロメートルのものから、クワーワーのように一六〇〇キロメートル近くもあるものまで、数千もの天体があると考えられている。

実は、二〇〇五年七月、２００３ＵＢ３１３として知られる大きなカイパーベルト天体が、太陽系の一〇番目の惑星の候補と発表された。

この天体は冥王星の約一・五倍の大きさがあり、黄道面（地球の軌道面）に対して四五度の軌道傾斜角を持つ。これは普通ではない。一七度の軌道傾斜角を持つ冥王星を除いて、惑星は通常、黄道面にあるからだ。2003UB313の発見時の軌道は、太陽から九七AUの距離にあり、三一AUの冥王星のずっと向こうにあった。2003UB313の惑星としての資格は、冥王星が惑星として認知されつづけるかどうかにかかっているが、これは可能性が低い。2003UB313と同じく、冥王星も現在ではカイパーベルト天体の一つとして考えられており、天文学界は最近になって、冥王星と2003UB313をともに「準惑星」として分類することを決定した。そのため現在、太陽系の惑星数は八に減り、多数の準惑星がある。

太陽を周回する、これらの大きく傾斜した軌道上に、冥王星と同規模か、さらに大きな天体が見つかる可能性は高い。注目されているのはセドナという名の天体で、その直径は一〇〇〇キロメートルから一五〇〇キロメートルと推定され、太陽からの距離が近日点で七六AU、遠日点で約一〇〇〇AUという細長い楕円軌道を持っている。この天体はカイパーベルトの外側に位置し、カイパーベルトと「オールトの雲」の間にある新種の天体の代表格だ。

☆ 1光年とは、光が1年間に進む距離。光は、秒速約30万キロメートル、つまり1秒間に地球を7周半する。1光年は9兆4,600万キロメートル。

オールトの雲とは、その存在を仮定したオランダの天文学者の名にちなむ、長周期彗星の発生場所と考えられている領域のことだ。太陽からおよそ一万AUから一〇万AUの距離に位置し、数兆の彗星が存在すると推測されている。一〇万AUという距離は計り知れない遠さだが、それでも、もっとも近い恒星系までの距離のわずか四%にすぎない。

オールトの雲を越えると、私たちの太陽系を出て星間空間に入る。私たちの太陽にもっとも近い恒星は、アルファ・ケンタウリA、アルファ・ケンタウリB、アルファ・ケンタウリC（プロキシマ）からなる三重連星系（総称してアルファ・ケンタウリ）で、四・三光年の距離にある☆（アルファ・ケンタウリはケンタウルス座の恒星。全天で四番目に明るい星）。人間の基準で考えると、これは非常に遠い。一光年は約六万三二四〇AUで、これは太陽から冥王星までの距離の一五八一倍に当たるので、アルファ・ケンタウリまでは、太陽–冥王星の距離の六七九八倍ということになる。これがどれほど遠いのか、現在の技術で宇宙機がアルファ・ケンタウリまでどのくらいかかるかを計算してみよう。小型の無人宇宙機にもっとも強力なロケットを搭載し、木星で重力アシスト（スイングバイ）による加速を行えば、冥王星に約一〇年で到達できる。したがって、アルファ・ケンタウリまで行くには、六万七九八〇年！

通常のロケットでこの星に到達することは今のところ不可能だ。

人間の寿命の範囲という比較的短い時間で近くの恒星に宇宙機を送ろうとすれば、根本的に新しいタイプのロケットエンジンが開発されなければならない。そうしたエンジンは、未知の恒星系と、想像もつかない発見への、いまだかつてない新たな探検の時代の到来を告げるものになるだろう。

太陽とアルファ・ケンタウリを移動する彗星

宇宙機をアルファ・ケンタウリに送ることは非現実的だが、彗星ならば、太陽系のオールトの雲とアルファ・ケンタウリ周辺の似たような領域の間を行き来できるかもしれない☆。ただし、遠日点一〇万AU（オールトの雲の中）という、非常に細長い楕円軌道で太陽を周回する彗星の存在を仮定する必要がある。この彗星は木星の公転軌道面上にあり、微弱キャプチャーを受ける速度よりわずかに速い速度、すなわち木星に対して低速でその横を通過しなければならない。この前提を満たせば、彗星の動作はカオス的になる。つまりこの状況では、木星の横を通過し、太陽の周りを回って一〇万AUの彼方へ向かう場合、細長い楕円軌道にとどまるとは限らないということだ。

彗星は、はるか遠くで放物線を描き、太陽から一〇万AUの距離でその速度はゼロに近

☆　これが起こる局面があることについては、私の著書 *Capture Dynamics and Chaotic Motions in Celestial Mechanics* の最終章に記した研究にもとづいている。

図47★太陽を周回するカオス的軌道から、10万AUに位置するオールトの雲を経て、太陽系を脱出、アルファ・ケンタウリ系へ向かう彗星

づき、太陽周回軌道に二度ともどってこないかもしれない。あるいは、双曲線を描いて、プラスの速度に近づくかもしれない。この場合、彗星は一〇万AUよりさらに彼方へ、オールトの雲を越えて太陽の重力圏を脱するだろう。理論的には、秒速数キロメートルの速さで脱出し、アルファ・ケンタウリへ向かうことになる。たとえば秒速二キロメートルとすると、六四万五〇〇〇年かかって、アルファ・ケンタウリから約一〇万AU離れたところに到達する。このように考えれば、彗星が私たちの太陽系からアルファ・ケンタウリへ向かうためのメカニズムがあることになる。図47はその図である。

彗星がアルファ・ケンタウリから一〇万AUの距離に到達したとき、この星系に捕捉される可能性は低い。なぜなら、アルファ・ケンタウリ星系は、

太陽系に対して秒速六キロメートルというあまりにも速い速度で移動しているからだ。彗星はこの星系をただ通過していくだろう。その距離で捕捉されるには、秒速一キロメートルとずっと低速でなければならない。ただし、もし彗星が散開星団の恒星間を通過するなら、この条件が満たされる可能性があることを、私は最近の論文で共同研究者のA・モローマーティンとともに示した。散開星団とは、この銀河系に存在する星の集団だ。この星団では、恒星は互いに秒速一キロメートルの相対速度で動いており、条件がより整っている。つまり、散開星団では、彗星のような太陽系の物体が、一つの系から別の系へと移行する可能性があるのだ。これは、太陽系内の生命の起源のカギとなった、生命体を乗せた物質が、彗星に乗ってはるか遠くの星々にまで運ばれた可能性を示唆している。

16

パラダイム・シフト、そして未来へ

A PARADIGM SHIFT AND THE FUTURE

約一世紀前、ライト兄弟は、人間が空気より比重の大きい乗り物で空を飛べるという、当時としては突飛な考えを持っていた。ほとんどの人は真に受けず、たいていは笑い飛ばされた。嘲笑は想像がつく。やがて彼らは、一九〇三年一二月一七日、ノースカロライナ州キティホークで、一二秒間、距離にして三六・六メートルの飛行に成功し、人々が間違っていたことをはっきり示した。これを成し遂げた飛行機は、彼らの名にちなんで「ライトフライヤー」と呼ばれている。滞空時間は長くはなかったが、世界を揺るがす出来事だった。その後まもなく、飛行機の出現は戦争のあり方を変えただけではなく、私たちの住む世界を一変させた。

人間は決して空を飛ばない、という一つのパラダイムを、ライト兄弟は打ち破った。空気より比重の大きい乗り物をどのように作り、どうやって空中に浮かせるかを考えついたのだ。この発想から、人間の能力についての新しい考え方が生まれた。もはや地上に縛りつけられはしない。限界は空まで広がった。そしてこのとき、人間が地球を離れて宇宙を旅することができるという考えが可能性として現実のものになったのだ。

それからわずか六六年後、強力なサターンV型月ロケットが轟音をあげてケープ・カナベラルの発射台を離れ、あのアポロ一一号の宇宙飛行士を月へ送り届けた。一九六九年七月二〇日、ニール・アームストロング船長によって月面から発せられた印象的な言葉は、人類の歴史に永遠に刻み込まれている。「鷲《イーグル》は舞い降りた」。人類は今や火星に向かおうとしている。

宇宙機を月へ導くために、カオスの予測不能な性質を利用し、燃料なしで周回軌道に到達させるという発想もまた、一つのパラダイムを打ち破るものだ。当初、この考え方は、現実離れしたものと思われていた。高エネルギーのホーマン軌道を使うのが、皆の認める正しいやり方だった。ホーマン軌道は手っ取り早く、わかりやすい。たとえ燃料をがぶ飲みし、リスクを伴うものであっても、仕事は片づける。一九五〇年代以降、米ソ両超大国はすべてのミッションでホーマン軌道を使ってきた。

惑星重力場間のカオス的な境界にエレガントに浮かび、宇宙機の実用に役立つ燃料効率の高い経路を得るという考えは、真剣に受け止められなかった。このルートを使うＬＧＡＳの計画で月到達に二年が必要とされたという事実も、この考えを真剣に取り上げるには値しないという見方を助長した。

一九九一年一〇月二日の「ひてん」の月到達は、宇宙飛行の方法についての私たちの認識のパラダイム・シフトを意味している。メディアでは大きく報道されず、当時は専門家の間でしか知られなかったが。

だが「ひてん」の意義についての認知度はしだいに高まってきた。カオスを利用した省エネ航法による宇宙機の誘導が受け入れられるようになっている。このことをはっきり示したのは、欧州宇宙機関（ＥＳＡ）の探査機ＳＭＡＲＴ１が、二年の旅を経た二〇〇四年一一月、ＬＧＡＳのミッション設計をモデルにした重力キャプチャーによって、月周回軌道に到達したことだ。メディアは「ＳＭＡＲＴ１、月周辺の『中間地帯』、いわゆる『弱安定境界（ＷＳＢ）』に無事到達、燃費はリッター一七〇万キロメートル」と書き立てた。

アメリカが構想を示した月再訪と月面基地建設計画では、「ひてん」が使ったような月への軌道を相当に使うことになるだろう。宇宙飛行士たちは短時間で月へ行くために、アポロ時代と同じ旧式の、多くの燃料を要する航法を使いつづけるとしても、彼らのための大量の物資の輸送には、コストが何分の一かになる、もっとゆったりとしたルートが使えるのだ。

「ライトフライヤー」と同じく、「ひてん」もまた、ほんの始まりにすぎなかった。宇宙を旅する方法についての私たちの認識は決定的に変わった。私たちの前には、宇宙そのものと同じ、果てしない世界が広がっている。

end

ACKNOWLEDGEMENTS

謝辞

まず初めに、米航空宇宙局（ＮＡＳＡ）に特に感謝を捧げたい。ＮＡＳＡの支援によって、本書の執筆が可能になった。ＮＡＳＡ科学ミッション局の応用情報システム研究（ＡＩＳＲ）プログラムにも感謝している。ＮＡＳＡは、少年時代のアポロ月着陸や「バイキング」の火星着陸から、今日の土星の驚くべき映像や大胆な月再訪計画に至るまで、私の人生においてつねにインスピレーションの源でありつづけてきた。またプリンストン大学に、とりわけ宇宙物理学部と応用コンピュータ数学プログラムにも感謝したい。さらに、長年にわたってご支援いただいた他の機関、ミネソタ大学幾何学センター（一九九八年閉鎖）、米空軍士官学校（ＵＳＡＦＡ）、マクドネル・ダグラス社（現在はボーイング社の傘下）、トリノのアレニア・スパツィオ社、ローマ大学サピエンツァ校、惑星協会、米ミッチェル大学、米国宇宙協会ニューヨーク支部などにも大変感謝している。

知り合う機会に恵まれた多くの方々にも感謝を捧げたい。ジョセフ・ブレーデカンプ、ハーレー・スロンソン、デビッド・フォルタ、ロバート・シーズロン、セオドア・スウィーツァー、ジェームズ・バーク、ダニエル・ゴールディン、エドガー・T・ミッチェル、S・ピート・ウォーデン、エドワード・T・ルー、ゴードン・ジョンストン、エレイン・ウォーカー、キャンディス・パナキン、サマンサ・サリー、ハロルド・エーゲルン、エリック・フライドラー、ロジャー・ギルバートソン、テイラー・ダイナーマン、マイケル・ジョンソン、デビッド・ガンプ、ジェーン・バラッシュ、エステル・ゴールスキー、ロバート・バンダーベイ、リチャード・ゴット、アマヤ・モローマーティン、トーマス・マクダノフ、ルイ・フリードマン、ジョン・メイザー、イングリッド・ドブシー、ドナルド・サーリ、リチャード・マクギー、ジャウメ・リブレ、エドワード・フィンチ元大使、クラウディオ・マッコーネ、セサル・オカンポ、ロバート・ビショップ、ピニ・ガーフィル、ジャンカルロ・ジェンタ、トーマス・ハーキン上院議員、マイケル・シュルホフ、ジョン・シュルホフ、アイラ・ドナー、ハワード・マークス、レックス・ライドノア、エルベ・サン、ジョン・レモ、ウェンデル・メンデル、ブライアン・マースデン、ジェロルド・マースデン、マイケル・ドロレンツォ、ダグラス・カークパトリック、ニール・デグラス・タイソン、ビクトリア・シアーズ、リチャード・ローズとジャネット・ローズ、キース・ゴットシャルク、ジャネット・ダッキー、マーティン・ヘクラー、エルベルト・マカウ、アントニオ・ベルタッキーニ、張世清、フィリポ・グラツィアーニ、パオロ・テオフィラット、ジル・ムーア、ダニエル・ヤング、ロバート・オッサーマン、バーバラ・ベルブルーノとエレン・ベルブルーノ、そして、今は亡きジェロルド・ソフェン、カール・セーガン、ユルゲン・モザー、ハーバート・R・ショー、E・シュタム、S・ヴォルフ。

プリンストン大学出版会のスタッフには、本書の準備段階から執筆、出版までを通して大変お世話になった。まず本書の編集担当ビッキー・カーンに感謝したい。彼女の一貫した編集方針と貴重なコメントなくして、本書がこのような形になることはなかった。こうした一般向けの本の執筆に苦労する私を、彼女は初期段階からつねに支えてくれた。また製作責任者エレン・フーズにも感謝したい。一切をまとめ上げ、私がつねに的をはずれないようにしてくれた。ディミトリ・カレトニコフの素晴らしい装丁にも大変感謝している。彼は多くの図のレイアウトも手伝ってくれた。コピーエディターのマーシャ・クーニン、素晴らしい絵画写真撮影のマイア・レイムにも感謝したい。広報担当のアンドリュー・デシオにも感謝している。見事なカバーデザインをしてくれたロレーヌ・ダネカーにも特に感謝を捧げたい。その他、この本の製作にかかわってくれたすべてのプリンストン大学出版会関係者に感謝している。最後に、といっても感謝の気持ちはいささかも減じるものではないが、各段階で原稿に目を通してくれた方々に感謝したい。その貴重な指摘のおかげで、本書がこのような形をとることができた。

エドワード・ベルブルーノ

In New Trends in Astrodynamics and Applications, vol. 1065, Annals of the New York Academy of Sciences, pp. 232-253, December 2005.

[46] H. Pollard. *Celestial Mechanics* (Mathematical Association of America: Washington, DC), 1976.

[47] G. Racca. "New Challanges to Trajectory Design by the Use of Electric Propulsion and Other Means of Wandering in the Solar System." *Celestial Mechanics and Dynamical Astronomy*, 85:1-24, 2003.

[48] R. Pickvance. *Van Gogh in Saint-Rémy and Auvers* (Metropolitan Museum of Art, New York), 1986.

[49] C. Simó, G. Gomez, J. Llibre, R. Martinez, and J. Rodriguez. "On the Optimal Station Keeping Control of Halo Orbits." *Acta Astronautica*, 15:391-397, 1987.

[50] K. A. Sitnikov. "Existence of Oscillating Motion for the Three-Body Problem." *Dokl. Akad. Nauk USSR*, 133(2):303-306, 1960.

[51] T. Sweetser et al. "Trajectory Design for a Europa Orbiter Mission: A Plethora of Astrodynamic Challenges." In *Proceedings of AAS/AIAA Space Flight Mechanics Meeting*, no. AAS 97-174, February 1997.

[52] K. Uesugi et al. "Mission Operations of the Spacecraft Hiten." In *Proceedings of the 3rd International Symposium on Space Flight Dynamics, Darmstadt, Germany*, September 30-October 4, 1991.

[53] R. Vanderbei, "Horsing Around on Saturn." In *New Trends in Astrodynamics and Applications*, vol. 1065, Annals of the New York Academy of Sciences, pp. 337-345, December 2005.

[30] 『カオス――新しい科学をつくる』ジェイムズ・グリック著、大貫昌子訳、新潮文庫、1991年

[31] W. K. Hartmann and D.R. Davis. "Satellite-Sized Planetesimals and Lunar Origin." *Icarus*, 24:504-515, 1975.

[32] D. Heggie and P. Hut. *The Gravitational Million-Body Problem* (Cambridge University Press: Cambridge), 2003.

[33] W. Hohmann. *Die Erreichbarkeit der Himmelskörper* (Oldenbourg: Munich), 1925.

[34] C. Howell, B. Barden, and M. Lo. "Application of Dynamical Systems Theory to Trajectory Design for a Libration Point Mission." *Journal of Astronautical Sciences*, 45:161-178, 1997.

[35] N. Ishii, H. Matsuo, H. Yamakawa, J. Kawaguchi. "On Earth-Moon Transfer Trajectory with Gravitational Capture." In *Proceedings AAS/AIAA Astrodynamics Specialists Conf.*, no. AAS 93-633, August 1993.

[36] D. C. Jewitt and J. X. Luu. *I.A.U. Circular* (5611), 1992.

[37] J. Kawaguchi, H. Yamakawa, T. Uesugi, and H. Matsuo. "On Making Use of Lunar and Solar Gravity Assists in Lunar A, Planet B Missions." *Acta. Atsr.*, 35:633-642, 1995.

[38] E. Klarreich, "Navigating Celestial Currents." *Science News*, pp. 250-252 (cover story), April 25, 2005.

[39] W. S. Koon, M. W. Lo, J. E. Marsden, and S. D. Ross. "Heteroclinic Connections between Periodic Orbits and Resonance Transitions in Celestial Mechanics." *Chaos*, 10(2):427-469, June 2000.

[40] B. G. Marsden. "The Orbit and Ephemeris of Periodic Comet Oterma." The *Astronomical Journal* 66:246-248, June 1961.

[41] J. Meeus. *Astronomical Algorithms* (Willmann-Bell: Richmond), 1991.

[42] W. Mendell. "A Gateway for Human Exploration of Space? The Weak Stability Boundary." *Space Policy*, 17:13-17, 2001. WSBについて興味深い見方を示している。

[43] J. Moser. *Stable and Random Motions in Dynamical Systems* (Princeton University Press: Princeton, NJ), 1973.

[44] K. Nock and R. P. Salazar. "To the Moon on Gossamer Wings." *Aerospace America*, 27:40-42, March 1987.

[45] C. Ocampo. "Trajectory Analysis for Lunar Flyby Rescue Of Asiasat-3/Hgs-1."

[15] M. Bello-Mora, F Graziani, P. Teofilatto, C. Circi, M. Porfilio, and M. Hechler. "A Systematic Analysis on Weak Stability Boundary Transfers to the Moon." In *Proceedings of 51st Inter. Astronautical Congress*, number IAF-00-A.6.03, Rio de Janeiro, Brazil, October 2000.

[16] A. G. W. Cameron and W. R. Ward. "The Origin of the Moon." In *Proc. Lunar Planet. Sci. Conf.* 7th, pp. 120-122, 1976.

[17] R. Canup. "Simulations of a Late-Forming Impact." *Icarus*, 168:433-456, 2004.

[18] R. Canup and E. Asphaug. "Origin of the Moon in a Giant Impact Near the End of Earth's Formation." *Nature*, 412:708-712, 2001.

[19] M. Chown. "The Planet that Stalked the Earth." *New Scientist*, pp. 26-31 (cover story), August 14, 2004.

[20] C. Conley. "Low-Energy Transit Orbits in the Restricted Three-Body Problem." *SIAMJ. Appl. Math.*, 16:732-746, 1968.

[21] F. Diacu. "The Slingshot Effect of Celestial Bodies." *π in the Sky*, pp. 16-17, December 2000.

[22] 『天体力学のパイオニアたち――カオスと安定性をめぐる人物史（上・下）』 Ｆ・ディアク、Ｐ・ホームズ著、吉沢春夫訳、シュプリンガーフェアラーク東京、2004年

[23] D. W. Dunham and R. W. Farquhar. "Background and Application of Astrodynamics for Space Missions of the Johns Hopkins Applied Physics Laboratory." In *Astrodynamics, Space Missions, and Chaos*, vol. 1017, Annals of the New York Academy of Science, pp. 267-307, May 2004.

[24] L. Dye. "Cluster Probes Look for Lift on Space Guns." *Los Angeles Times*, p. 1, January 11, 1988.

[25] L. Dye. "With a Boost from JPL, Japanese Lunar Mission May Get Back on Track." *Los Angeles Times*, science section, July 16, 1990.

[26] R. W. Farquhar. "The Control and Use of Libration-Point Satellites." Technical Report TR R-346, NASA, September 1970.

[27] R. W. Farquhar, D. P. Muhonen, C. R. Newman, and H. S. Heuberger. "Trajectories and Orbital Maneuvers for the First Libration-Point Satellite." *J. Guid. and Control*, 3:549-554, 1980.

[28] A. Frank. "Gravity's Rim: Riding Chaos to the Moon." *Discover*, pp. 74-49, September 1994.

[29] W. Gibbs. "Banzai!" 『サイエンティフィック・アメリカン』, p. 22, July 1993.

参考文献
BIBLIOGRAPHY

[1] M. Adler. "To the Planets on a Shoestring." *Nature*, pp. 510-512, November 30, 2000.

[2] V. M. Alekseev. "Quasirandom Dynamical Systems." i, ii, iii. Math. USSR Sbornik, 5, 6, 7:73-128, 505-560, 1-43, 1960, 1960, 1969.

[3] 『古典力学の数学的方法』V・I・アーノルド著、安藤韶一訳、岩波書店、2003年

[4] R. R. Bate; D. D. Mueller; J. E. White. *Fundamentals of Astrodynamics* (Dover: New York), 1971.

[5] E. Belbruno. "Through the Fuzzy Boundary: A New Route to the Moon." *Planetary Report*, 7:8-10, May/June 1992.

[6] E. Belbruno. *Capture Dynamics and Chaotic Motions in Celestial Mechanics* (Princeton University Press: Princeton), 2004. (重力キャプチャーを利用した省エネルギー軌道について厳密に述べた初の解説書)

[7] E. Belbruno. "A Low-Energy Lunar Transportation System Using Chaotic Dynamics." *Advances in the Astronautical Sciences*, 123: 2059-2066, 2006.

[8] E. Belbruno and J. R. Gott III. "Where Did the Moon Come From?" *Astronomical Journal*, March 2005.

[9] E. Belbruno and B. Marsden. "Resonance-Hopping in Comets." *Astronomical Journal*, 113:1433-1444, April 1997.

[10] E. Belbruno and A. Moro-Martin. "Slow Chaotic Transfer of Remnants Between Planetary Systems." Submitted for publication, November 2006.

[11] E. A. Belbruno. "Examples of the Nonlinear Dynamics of Ballistic Capture and Escape in the Earth-Moon System." In *Proceedings of the Annual AIAA Astrodynamics Conference*, number AAS 90-2896, August 1990.

[12] E. A. Belbruno. *Resonant Hopping in the Kuiper Belt*, vol. 522, *Series C. Mathematical and Physical Sciences*, pp. 37-49, 1997.

[13] E. A. Belbruno. "Procedure for Generating Operational Ballistic Capture Transfer Using Computer Implemented Process." Technical Report Patent No. 6,278,946, United States Patent Office, August 21 2001.

[14] E. A. Belbruno and J. Miller. "A Ballistic Lunar Capture Trajectory for the Japanese Spacecraft Hiten." Technical Report JPL-IOM 312/90.4-1731 -EAB, Jet Propulsion Laboratory, June 15, 1990.

● 著者

エドワード・ベルブルーノ

Edward Belbruno

Innovative Orbital Design 社長、プリンストン大学宇宙物理学部客員研究協力者、NASA 先端天体力学顧問。著作に *Capture Dynamics and Chaotic Motions in Celestial Mechanics: With Applications to the Construction of Low Energy Transfers*（天体力学におけるキャプチャー力学とカオス的動作―省エネルギー航法構築への応用）がある。*Astrodynamics and Applications* 誌編集長。

● 訳者

北村 陽子

Yoko Kitamura

東京都生まれ。上智大学外国語学部フランス語学科卒。訳書に、スティーブン・ペレティエ『陰謀国家アメリカの石油戦争』（ビジネス社、2006 年）、キャロル・オフ『チョコレートの真実』（英治出版、2007 年）。

● 英治出版からのお知らせ
弊社ウェブサイト（http://www.eijipress.co.jp/）では、新刊書・既刊書のご案内の他、既刊書を紙の本のイメージそのままで閲覧できる「バーチャル立ち読み」コーナーなどを設けています。ぜひ一度、アクセスしてみてください。また、本書に関するご意見・ご感想を E-mail（editor@eijipress.co.jp）で受け付けています。たくさんのメールをお待ちしています。

私を月に連れてって
宇宙旅行の新たな科学

発行日	2008 年 7 月 15 日　第 1 版　第 1 刷
著者	エドワード・ベルブルーノ
訳者	北村陽子（きたむら・ようこ）
発行人	原田英治
発行	英治出版株式会社
	〒 150-0022 東京都渋谷区恵比寿南 1-9-12 ピトレスクビル 4F
	電話　03-5773-0193　　FAX　03-5773-0194
	http://www.eijipress.co.jp/
プロデューサー	高野達成
スタッフ	原田涼子、秋元麻希、鬼頭穣、大西美穂、岩田大志、藤竹賢一郎
	松本裕平、浅木寛子、佐藤大地、坐間昇
印刷・製本	大日本印刷株式会社
装丁	英治出版デザイン室

ISBN978-4-86276-025-8　C0044　Printed in Japan